UI设计手绘表现

从入门到精通

设计手绘教育中心 编著

人民邮电出版社

北 京

图书在版编目（CIP）数据

UI设计手绘表现从入门到精通 / 设计手绘教育中心
编著. -- 北京：人民邮电出版社，2017.6
ISBN 978-7-115-44648-0

Ⅰ.①U… Ⅱ.①设… Ⅲ.①人机界面—程序设计
Ⅳ.①TP311.1

中国版本图书馆CIP数据核字(2017)第016855号

内 容 提 要

　　本书以 UI 设计为核心，系统全面地讲解了 UI 设计手绘各个方面的知识。全书分为 9 章，第 1 章介绍了 UI 设计概论；第 2 章介绍了 UI 设计手绘基础；第 3 章介绍了 UI 设计材质表现；第 4 章介绍了 UI 中基本元素的表现；第 5 章介绍了 UI 图标设计；第 6 章介绍了网站 UI 设计；第 7 章介绍了游戏界面设计；第 8 章介绍了数码产品主题界面设计；第 9 章为作品赏析，搜集了一些优秀的 UI 设计作品，以供读者参考学习。

　　本书附赠 8 课时共 300 分钟的视频教程，其内容与图书相呼应，读者可以结合视频学习，提高学习效率。另外，本书还附赠 UI 手绘灵感本，读者可以边学边画，学习更有趣。

　　本书集专业性、实用性、系统性于一体，注重将理论与实践相结合，适合 UI 设计爱好者自学，可作为高等院校与培训机构平面设计、网页设计、游戏设计以及相关专业的教材，同时也可以作为设计人员以及相关从业人员的参考用书。

◆ 编　　著　设计手绘教育中心
　　责任编辑　张丹阳
　　责任印制　陈　犇

◆ 人民邮电出版社出版发行　北京市丰台区成寿寺路 11 号
　　邮编　100164　电子邮件　315@ptpress.com.cn
　　网址　http://www.ptpress.com.cn
　　北京捷迅佳彩印刷有限公司印刷

◆ 开本：787×1092　1/16
　　印张：12
　　字数：330 千字　　　　　　　　2017 年 6 月第 1 版
　　印数：1—3 000 册　　　　　　　2017 年 6 月北京第 1 次印刷

定价：69.00 元

读者服务热线：**(010)81055410**　印装质量热线：**(010)81055316**
反盗版热线：**(010)81055315**
广告经营许可证：京东工商广字第 **8052** 号

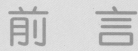

前 言

随着时代的发展与艺术设计的进步，手绘效果图越来越受到广大设计人员的青睐，手绘表现常使用马克笔、钢笔、彩色铅笔等工具，这种表现方法是最直接、最快速的。在 UI 设计中，手绘表现是设计人员和相关从业者必备的基本技能之一，手绘在现代的设计中有着不可替代的作用和意义。

本书编写的目的

本书编写的目的是使广大读者了解 UI 设计手绘效果图的表现技法和表现步骤，能够清楚地认识到如何把设计思维转化为表现手段，如何灵活地、系统地、形象地进行 UI 设计手绘表达。

读者定位

（1）UI 设计爱好者、马克笔和彩铅手绘爱好者。

（2）设计专业在校大学生、UI 设计培训机构学员的教材。

（3）UI 界面设计师、淘宝界面开发工程师、网页美工、界面设计总监及相关从业人员。

本书优势

（1）全面的知识讲解：本书内容全面，知识涵盖面广，对线条画法、透视关系、色彩知识、材质表现等都有讲解。案例丰富多彩，从 UI 中基本元素的表现到 UI 图标设计、网站 UI 设计、游戏界面设计以及数码产品主题界面设计等都提供了大量案例，最后通过 UI 设计作品赏析集中介绍了 UI 设计手绘表现范例，以供读者学习参考。

（2）丰富的实战教学：本书注重实例练习，不仅包括常用图标设计、扁平化图标设计、风格图标设计以及立体图标设计手绘表现实例，而且包括粉色调游戏界面设计、蓝色调游戏界面设计、休闲类手机游戏界面设计、动作冒险类手机游戏界面设计、益智类手机游戏界面设计、电子书主题界面设计以及网络电视主题界面设计手绘表现实例，采用手把手教学的方式来讲解 UI 设计手绘。

（3）多样的技法表现：本书手绘表现技法全面，既有铅笔、针管笔黑白表现，也有马克笔、彩色铅笔表现。

（4）直观的教学视频：本书附赠教学视频，可以通过扫描"资源下载"二维码进行免费下载，其内容与图书相辅相成，读者可以结合视频学习，提高学习效率。

资源下载

（5）超值的学习套餐：系统的图书学习教程，专业的教学视频，是学习 UI 设计手绘的优选。

本书作者

本书由设计手绘教育中心编著，具体参加编写和资料整理的有陈志民、姚义琴等。由于作者水平有限，书中疏漏之处在所难免。在感谢您选择本书的同时，也希望您能够把对本书的意见和建议告诉我们。

作者邮箱：lushanbook@qq.com

读者 QQ 群：327209040

编者

2017 年 1 月

目　录

第 6 章

网站 UI 设计

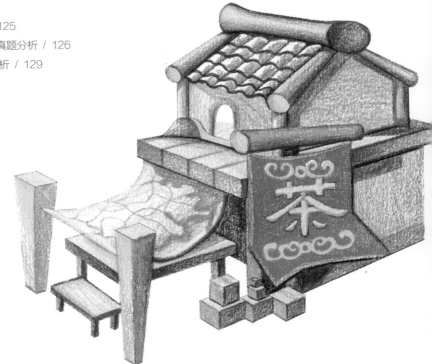

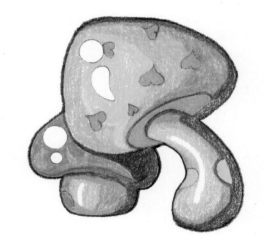

第 1 章

UI 设计概论

本章主要介绍 UI 设计的分类、UI 设计的原则、UI 设计未来发展趋势、UI 设计师职业前景与就业方向、UI 设计创作期间如何思考问题、UI 设计的创意元素及其特点、UI 设计师怎样提高创作能力、为什么要学习 UI 设计手绘以及 UI 设计范例，让大家对 UI 设计手绘有个初步的认识，并为后面章节的学习打下良好的基础。

1.1　UI 设计的分类

对于没有入行的读者来说，UI 是个陌生的概念，但是对于从事 UI 设计的设计师而言，UI 设计是一个非常流行且能够带来高薪的工作。UI 设计的范畴非常广泛，一般包括网页界面、手持设备界面、电脑系统界面、应用软件界面、游戏界面、车载导航设备界面、智能电视界面、各种数码医疗产品控制界面以及远程会议监控界面等的设计，学习过程中不需要过分细化，只要在今后的实际工作中找到适合自己的方向和兴趣，随时熟悉最流行和最热门的设计类别即可。

UI 其实是"用户界面"英文的缩写，指的是对软件的人机交互、操作逻辑以及界面美观性的整体设计。

UI 设计的学习主要分为四个阶段。第一阶段为 UI 设计基础课程，主要包括对 UI 设计的初步认识，掌握字体、构图、手绘等基础造型技能，以及透视原理、色彩原理和材质表现等。第二阶段为平面设计，主要包括设计软件的应用，字体、版式等平面项目的设计。第三阶段为网站 UI 设计，主要包括相关的设计规范、配色技巧、标准化布局设计等。第四阶段为移动设备 UI 设计，主要包括手机主题、图标等交互设计。

1.2　UI 设计的原则

近几年交互设计专业的发展较好，前人在理论上为交互设计提供了很多支持，提出了一些实用的设计原则，具体如下。

❶ 界面布局设计应该以内容为核心，根据用户的期望提供相应的设计。

❷ 以自然手势为基础建构界面的交互系统，要与人体工程学相符。

❸ 使用各种手机上已有的 UI 设计特点和设计方法，在文字输入方面的相关应用应该适当减少。

❹ 应用交互的手指和手势的操作流程、界面反馈转场等应该保持流畅性。

❺ 应该更大程度地发挥多通道界面和交互设计的特性，给用户更加真实的感受。

❻ 界面架构要简单、明了，导航设计应该清晰且容易理解，操作要简单方便。

❼ 应用的使用情境也要到位，要保证每个操作中断时用户都可以恢复之前的操作。

❽ 整个设计要让用户感到有趣和惊喜，既高效又贴心，真正实现智能化。

1.3　UI 设计未来发展趋势

由于互联网信息更新换代快，所以设计师需要与时代接轨，不落伍，应该对 UI 设计可能的流行趋势进行了解，并且及时调整学习重点。那么如今的 UI 设计在未来将会朝什么方向发展，大致呈什么趋势呢？接下来将对这一问题进行分析。

第一，移动端将被常见的交互形式所影响，设计需要进行优化，不同平台的设计标准将接近一致。

第二，应该对分辨率进行适配，要遵循平台的设计规范。

第三，虽然动画效果的使用越来越普遍，但是应该合乎逻辑，并且不能过于华丽，避免用户长时间等待。

第四，设计更趋向于较高的可用性，简洁的设计相对可用性较弱。

第五，已经被用户接纳的设计不要轻易改版，在设计中使用的数据将会越来越真实，给人更加深刻的印象。而 APP 交互和内容的设计会受平面、游戏等设计影响。

第六，可穿戴设备、远程控制、3D 打印机、智能手表、无人驾驶汽车等都需要界面设计，它们将是 UI 设计未来发展的新领域。

1.4　UI 设计师职业前景与就业方向

随着我国互联网等新兴产业进入高速发展的阶段，各行各业的规模也逐渐扩大，并且技术领域也在不断拓展，设计逐步趋向人性化，同时，UI 设计师这个职业也更加受到重视。

UI 设计在软件、互联网、移动智能设备以及游戏等方面的应用是热门方向，由于行业内的人才需求较大，所以就业率也大大提升，有很大一部分年轻人被 UI 设计的就业前景所吸引，UI 设计师是未来比较热门的职业选择。

同时，随着越来越多的人选择 UI 设计方向，社会对 UI 设计师的要求也将有所提高，更加注重整体技能的全面性。除了已有的设计方向外，H5 前端开发和动效设计也是必须掌握的，根据社会需要进行自我提升才能紧跟发展需要。

1.5　UI 设计创作期间如何思考问题

UI 设计跟我们的生活息息相关，希望自己也能加入 UI 设计师行列的你，应该全面学习 UI 设计知识，一定要知道 UI 设计作品的设计过程是怎样的。接下来跟我一起来看看创作前期是如何思考问题的吧！

❶ 要对产品定位，进行市场分析。

这个阶段要了解产品的市场定位、产品的定义以及客户群体等，与销售部门进行沟通，并且要进行会议讨论，根据需求进行策划。

❷ 对用户进行研究、分析。

收集相关的资料对目标用户进行详细分析，例如，习惯、需求、情感等，并且提出研究报告和设计建议。还要用黑白手绘稿的形式对设计原型加以表现。

❸ 开始构架设计。

根据前面提出的设计建议制定相关的细节设计，例如，交互方式、操作流程、结构与布局等。这里需要设计出界面的风格，拿出定稿并且进行优化，整理好用户的意见并及时反馈给相关部门。

❹ 原型设计。

根据进度和成本，把控好原型的质量范围，根据相关的设计规范对代码和程序进行开发。

❺ 界面设计。

处理并确定界面原型的视觉效果，例如，色调、图标、材质等。

1.6　UI 设计的创意元素及其特点

界面对用户有着重要的影响，界面设计中的元素和分类对用户的影响相对较大。接下来将对 UI 设计的元素和分类进行讲解。

以环境因素为前提，以功能实现为基础和以情感表达为重点是界面设计的主要标准。环境是交互作品无法脱离的因素，营造界面的环境氛围是设计过程中重要的一部分。功能界面存在的基础是让用户懂得功能操作，但是用户具有差异性，所以界面设计应该国际化，而设计的艺术魅力体现在情感的传递上。

界面设计中的元素有很多，常见的设计元素有文字、图形、色彩、版式等。这些元素通过不同形式的组织结合，可以在情感色彩、理解模式等方面创造出独特的效果。每个设计的形、色、质都是相辅相成的，这些不同的组成元素相互交融，表现的视觉效果也不相同。

成功的 UI 设计应该是个性的、有品位的，应用的操作应该舒适、简单、自由，而应用界面是否美观直接关系到应用设计的成败。所以，UI 设计要追求原创，打破循规蹈矩的呆板模式。

　　明快、鲜艳的色彩可以使作品从众多应用中脱颖而出，用户和应用之间的互动应该是自然的，这样可以让用户从中感受到温暖、亲切。整体的视觉效果应该清晰，有强烈的层次感，尽量看起来生动逼真。

　　在内容上，整体 UI 设计应该丰富多彩，安排布置要井然有序，可以多应用一些有趣的元素。

1.7　UI 设计师怎样提高创作能力

　　学习是一个循序渐进的过程，所谓熟能生巧就是要不断地学习并且多与前辈交流，这样才能快速提高设计能力。如果只是闭门研究，成效反而不会理想。

　　UI 设计师应该具备丰富的想象能力，要多看一些前人优秀的 UI 设计作品，从中吸取经验，获得创作灵感，并且在此基础上突破自我，有所创新。这种方法最大的好处是可以节约时间，少走弯路，提高效率和质量。

1.8　为什么要学习 UI 设计手绘

　　设计手稿是设计师灵感的初次表现，可以帮助我们快速记录设计思维。做好设计应该从手绘开始，而软件只是体现创意设计的一个工具。

　　利用手绘图进行前期设计并实现创意是一个简单、方便的方式，手绘图的优势有很多，例如，速度快、效率高、修改容易等，但是需要注意的是手绘要清晰明了地表达出设计的创意。

　　那么我们应该怎样练好手绘呢？首先在绘画之前，应该确定一个主题，从小物件开始入手练习。可以把跟主题相关的，自己能想到的所有元素都用笔画下来，通过手绘图形的方式培养创意能力，如下图所示。

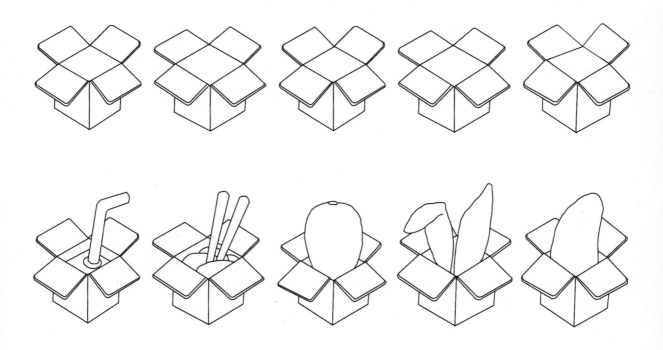

然后要深入刻画局部细节，把元素图形具象化，例如，刻画阴影、结构、材质等，塑造体积感、空间感，如下图所示。

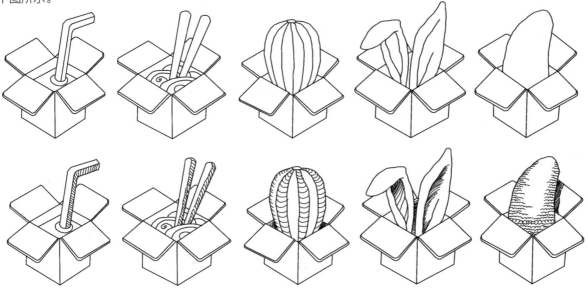

接着要学会构图的方法，让整体画面看起来更加和谐统一，避免歪歪扭扭。最后应该摆正心态，多加练习。

下面将对 UI 图标设计手绘线稿表现进行举例，供大家临摹练习。

1.9　UI 设计范例

　　学习了 UI 设计的基础知识之后，接下来介绍优秀的 UI 设计，包括游戏界面设计、Web 界面设计、手机主题设计、选餐页面设计等。

▌ 游戏界面设计范例

2 Web 界面设计范例

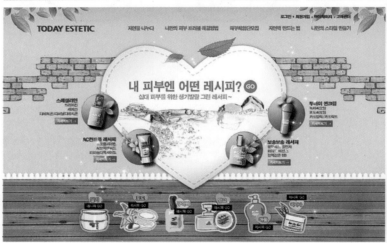

3 手机主题设计范例

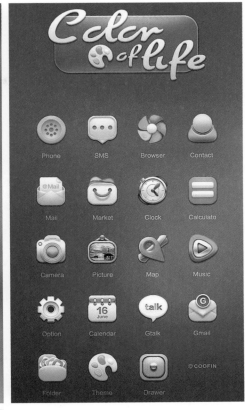

4 选餐页面设计范例

复习思考题

❶ 整理所学基础知识，并加以巩固。

❷ 浏览 UI 设计网站，搜集资料。

第 2 章

UI 设计手绘基础

本章主要介绍材料与工具，UI 设计中色彩的应用，透视
基础以及手绘姿势。让大家对 UI 设计手绘工具等基础有个
初步的认识，并为后面内容的学习打下坚实的基础。

2.1　材料与工具

　　材料与工具的选择对 UI 设计手绘有着至关重大的影响，选择合适的手绘工具有利于效果图的表现，直接影响着绘画者的心情和画面的质量。当然，手绘材料和工具种类繁多，功能各异，到底应该如何选择呢？下面将对 UI 设计手绘中常用的材料与工具进行介绍。

2.1.1　绘图铅笔

　　绘图铅笔笔芯质地较软，对纸张硬度及绘图用力程度非常敏感，并能由此产生出丰富的黑、白、灰变化效果。

　　在 UI 设计手绘中一般用 2B 铅笔绘制轮廓，用 HB 铅笔绘制细节，用 2B 或者 4B 铅笔来加深暗部。不过对于初学者而言，绘制过程中可以多体会不同型号绘图铅笔的效果，自己慢慢领悟，找到适合自己的用法。

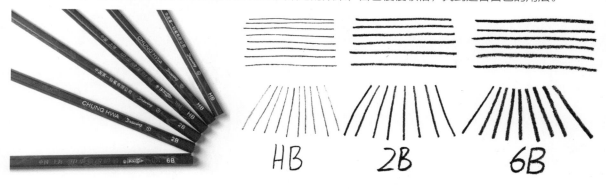

提示

　　绘图铅笔常用的型号有 2H、H、HB、B、2B、3B、4B、5B、6B、8B、10B、12B，以上型号从前往后颜色越来越深，笔芯越来越粗，硬度越来越小。

2.1.2　针管笔

　　针管笔也是绘制 UI 设计手绘效果图的基本工具之一，它绘制的线条均匀一致，可以表现丰富的层次感。针管笔有不同粗细，可以画出不同宽窄的线条，它的针管管径有 0.05~1.2mm 各种不同规格，在 UI 设计手绘中至少应备有细、中、粗三种不同粗细的针管笔。

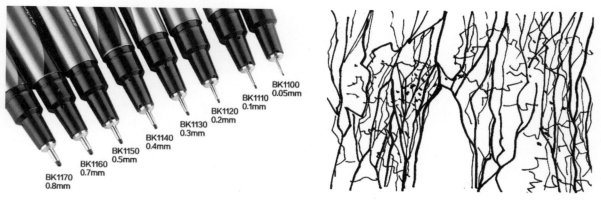

2.1.3 马克笔的特性

马克笔通常用来快速表现效果图，它具有色彩丰富、容易着色、成图迅速、易于携带等特点，因此深受广大
设计师的喜爱，尤其是用于手绘效果图的绘制。但是对于 UI 设计手绘来说，马克笔的弊端也较明显，例如，不
能深入刻画细节等。所以可以采用马克笔与彩铅相结合的绘制方法，即用马克笔铺色，用彩色铅笔刻画细节。

下面将对 UI 设计手绘中常用的三种马克笔进行介绍，即水性马克笔、油性马克笔和酒精性马克笔。

1 水性马克笔

水性马克笔颜色亮丽有透明感，但多次叠加颜色会变灰，而且容易损伤纸面。用蘸水的笔在上面涂抹的话，
效果跟水彩类似。

2 油性马克笔

油性马克笔干得快，耐水，而且耐光性相当好，颜色多次叠加不会伤纸。常见的品牌有韩国 Touch 油性
马克笔、美国三福油性马克笔、美国 AD 高端马克笔等。

3 酒精性马克笔

酒精性马克笔可在任何光滑表面书写，它的特点是干得快、防水、环保，被广泛应用于婚礼现场手绘效果图
表现领域。

在需要大量练习的阶段，笔者推荐相对而言物美价廉的 Touch 三代的马克笔，购买方便。

> **提示**
>
> 酒精性马克笔的"墨水"容易挥发，会造成马克笔没有"墨水"的情况，在这种时候只要在笔头处注入一些酒精，马克笔就又可以使用了。

本书主要以 Touch 三代马克笔为例对色卡、运笔笔触、用色规律、色彩的过渡等进行解析。其中 Touch 牌马克笔以数字来区别不同色号，如 7、8、9、12、14 等，灰色一般有 5 个系列，最常用的有 3 个系列，即 CG（中性灰色系）、WG（暖 灰色系）、BG（冷灰色系）， BG 和 GG 是自成体系的灰色。

这里选择市面上性价比较高的一款 Touch 三代马克笔制作了一张 117 色色卡，可供读者了解和参考。

1	2	7	8	9	11	12
14	16	17	18	21	22	23
24	25	28	31	34	35	36
37	38	41	42	43	44	45
46	47	48	49	50	52	53
54	55	56	57	58	59	61
62	63	64	65	66	67	68
70	75	76	77	82	83	84
85	86	87	88	91	92	93
94	95	97	99	100	102	103
104	107	121	123	124	125	132
134	136	137	138	139	140	141
144	145	146	147	163	166	167
169	171	172	175	179	183	185
198	CG1	CG2	CG3	CG4	CG5	CG6
WG2	WG3	WG4	WG5	WG6	GG1	GG3
GG5	GG7	BG3	BG5	BG7		

2.1.4　马克笔运笔笔触

　　马克笔的用笔方法大多通过不同的运笔笔触来体现，笔触是最能体现马克笔手绘表现效果的，下面将对 UI 设计手绘中常用的横向摆笔、竖向摆笔、斜向摆笔、扫笔、平涂以及揉笔笔触进行介绍。

1 横向摆笔

　　横向摆笔就是线条简单地水平排列，最终强调面的效果，为画面建立秩序感，每一笔之间的交接痕迹都会比较明显。横向摆笔主要采用从左到右的运笔方式，强调快速、明确、一气呵成，并追求一定力度。切勿缓慢地运笔，这样会使笔触含糊不清，显得很腻。摆笔适合空间的大块面塑造，其笔触工整且具有一定的秩序感。

2 竖向摆笔

　　竖向摆笔就是线条简单地竖直排列，运笔方向从上到下，运笔速度要稍快，体现出干脆、有力的效果。

3 斜向摆笔

　　斜向摆笔也叫斜推，是在表现透视时不可避免的笔触，表现透视的两条线相交形成角时，就需要斜向摆笔笔触使画面整齐，假如用横向摆笔的笔触就会超出线条范围，出现锯齿，影响画面美观。

　　斜向摆笔过程中要注意线条的斜度变化，细线部分用马克笔笔头刻画即可，但要注意细线条不可过多修饰，以免块面显得琐碎。

4 扫笔

　　扫笔要求快速，用笔时起笔较重，没有明显收笔，收笔时笔尖没直接与纸张接触，可以画出深浅，画出过渡，是一种高级技法。注意无明显收笔并不代表草率收笔，它也有一定的方向控制和长短要求，并且只是为了强调明显的衰弱变化。最常见的扫笔体现在画光效的时候。

5 平涂

　　平涂上色是没有笔触感的，就像刷墙一样，也没有造型感。它表现的色彩比较单一，没有变化，色层表面较平整，主要运用于面积较小或不能用以上笔触完成的不规则体块的绘制。

6 揉笔

　　揉笔也叫点笔，要求柔和且过渡自然，常用于树冠、草地、云彩和地毯等景物的绘制，需要注意形状的变化和点的大小的变化。它的特点是笔触不以线条为主，而是以用笔画出块面为主，在笔法上是最灵活随意的。但要注意点笔的方向性和整体性，要控制好边缘线和疏密变化，不能随处点笔，以免导致画面花乱。

横向摆笔　　　　　　　　　　竖向摆笔　　　　　　　　　　斜向摆笔

扫笔   平涂   揉笔

> 提示
>
> 马克笔的摆笔强调快速、明确、一气呵成，并要有一定的力度，画出来的每条线都应该有较清晰的起笔和收笔的痕迹，这样才会显得完整有力。过于缓慢地运笔会导致线条过腻，笔触含糊不清。在练习时要注意多角度的训练，这样才能全面掌握并运用到 UI 设计手绘中。

2.1.5 马克笔的用色规律

❶ 先用冷灰色或暖灰色的马克笔将图中基本的明暗调子画出来。

❷ 在运笔过程中，用笔的遍数不宜过多。在第一遍颜色干透后，再进行第二遍上色，而且要准确、快速，否则色彩会渗出而形成混浊之状，而没有了马克笔透明和干净的特点。

❸ 用马克笔表现时，笔触大多以排线为主，所以有规律地组织线条的方向和疏密，有利于形成统一的画面风格。可结合点笔、跳笔、留白等方法，需要灵活使用。

❹ 马克笔不具有较强的覆盖性，淡色无法覆盖深色。所以，在 UI 设计手绘效果图上色的过程中，应该先上浅色而后覆盖较深重的颜色；并且要注意色彩之间的和谐，忌用过于鲜亮的颜色，应以中性色调为宜。

❺ 单纯地运用马克笔，难免会留下不足，所以，应与彩铅、水彩等工具结合使用。有时用酒精作再次调和，画面上会出现神奇的效果。

2.1.6 马克笔色彩的过渡练习

马克笔的笔头较小，不适合大面积渲染，所以面积过大或者线条过长的时候，需要做概括性的表达，手法上要做些必要的过渡。

在进行马克笔色彩的过渡练习时，笔触之间要有疏密和粗细的变化，学会利用折线的笔触逐渐地拉开间距，概括地表达过渡效果。

下面是马克笔单色过渡练习和叠加色过渡练习的展示。

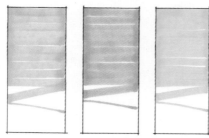 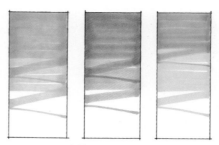

马克笔单色过渡练习   马克笔叠加色过渡练习

2.1.7 彩色铅笔

彩色铅笔作为 UI 设计手绘的一种重要表现工具（本书案例讲解以彩色铅笔为主），常常与马克笔等工具同时使用，能为画面增添更多表现魅力。

彩色铅笔主要分为水溶性和非水溶性两种，一般来说水溶性彩色铅笔含蜡较少，质地细腻，通过彩色铅笔色彩的重叠，可画出丰富的层次，是 UI 设计手绘的首选工具。

常用的彩色铅笔品牌有辉柏嘉、马可、施德楼等，这里选择市面上性价比较高的一款辉柏嘉彩铅制作了一张 49 色色卡，可供读者了解和参考。

在本书中，彩色铅笔主要是以 3 和 4 开头的三位数字来区别不同色号，例如，316、352、404、407、470 等。具体用法如下图所示。

用 416 号（ ）彩铅

除了上述彩色铅笔色卡之外，还应该了解彩色铅笔的特点及用法。

彩色铅笔的颜色具有透明的特色，在绘制时一支铅笔的色调覆盖在另一支铅笔的色调上，能产生出新的色调效果。彩色铅笔易于掌控，不易擦脏，经过处理以后便于携带和保存。除此之外，水溶性彩色铅笔还能够表现出类似于水彩的晕染效果。

彩色铅笔上色的手法主要分为两种，一种是平涂的手法，另一种是排线的手法。相对而言，UI 设计手绘中平涂的手法运用较多，常用来表现背景、固有色等，然后结合排线的手法刻画细节。

不同的表现手法产生的效果不相同，各具特色，下面展示了彩色铅笔的使用效果。

 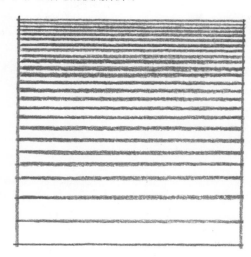

平涂的手法　　　　　　　　　　　　　　　　　　排线的手法

2.1.8　纸张的选择

UI 设计手绘对纸张的要求较高，跟其他手绘不同，打印纸、硫酸纸等已经不适用于 UI 设计手绘，因为这些纸张不易上铅，着色困难，对效果影响很大。

下面对素描纸、素描本以及 UI 设计手绘专用网格本和网点等本专业的 UI 设计手绘纸张进行介绍。

素描纸的选用要注意纸质坚实、平整、耐磨、纹理细腻等，太粗糙、太薄或者太光滑的都是不合适的。素描纸一般有 8 开、4 开、16 开大小，初学者可以根据需要进行选购，也可以买大的然后进行裁剪。

素描本有坚硬外壳，内部纸张与素描纸类似，并且具有携带方便、易于保存的特点，适合用来进行课外临摹与写生。它的品类繁多，初学者可以根据需要进行选择。

网格本与网点本差不多，不同的是它们一个是线状网格，一个是点状网格。网格有不同大小可以选择，一般有 5 mm、1 mm、2.5 mm、2 mm 等几种规格，可以根据自己的需要进行购买。

线状网格　　　　　　　　　　　　　　　　　　　点状网格

　　在 UI 设计手绘中，使用网格本时，一般上边缘空 4 格，左边缘空 4 或 5 格。图标轮廓为 6×6 格的正方形，这样一页纸横向可以排列三个，竖向可以排列五个，画面看起来比较整齐、有序。

　　下面是网格本绘制 UI 图标的步骤和方法的示例。

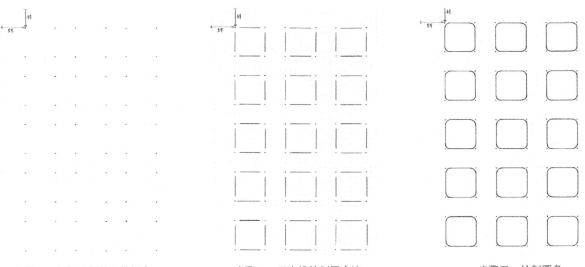

步骤一：根据比例数方格打点　　　　　步骤二：用直线绘制四个边　　　　　步骤三：绘制圆角

　　当然，如果觉得太小或者需要绘制的图较复杂，那么绘制 10×10 方格大小也可以，如右图所示。

提示

> 素描纸有纹理的面为正面，作画前需要注意辨认。此外，在绘制 UI 设计手绘图时，读者可以根据实际情况选择合适
> 的纸张。

2.1.9 橡皮擦

橡皮擦主要用于清除错误或多余笔触的污迹，而本书主要选用最常用的绘图专用橡皮擦，这种橡皮擦由柔软
而粗糙的橡胶制成，它便于擦除大面积的痕迹，而且不会弄破纸张。

2.1.10 直尺

在绘制要求较高的效果图中，常常用到各种类型的直尺，借用这些工具可以绘制出粗细均匀、光滑饱满的线条。
在 UI 设计手绘中，直尺被广泛运用，常用直尺进行规范作图。

2.1.11 圆规

圆规是一种在数学中用来绘制
圆或弧的工具，常用于尺规作图。
圆规分为很多种，在 UI 设计手绘中
常用的是自动铅笔圆规和夹铅笔圆
规，如右图所示。

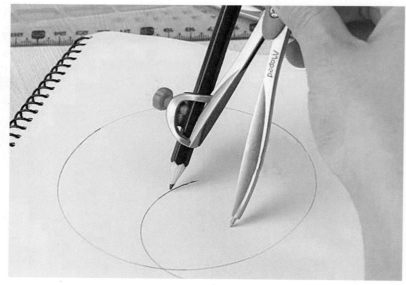

2.2　UI 设计中色彩的应用

色彩是 UI 设计中的重要部分，在 UI 设计手绘效果图表现中也起着非常关键的作用。学习上色技法之前，我们应该对色彩的基础知识有详细的了解，这样才能很好地运用色彩表现画面。

2.2.1　什么是色彩

色彩是通过眼睛和大脑并结合人的生活经验而产生的对光的一种视觉效应，它是构成视觉的重要元素之一。我们日常看到的色彩是光线在物体表面反射或者透射后进入眼睛，然后再传递到大脑，所以我们才感知到了色彩。

接下来将对色彩的三种属性——色相、明度和纯度进行介绍。

1　色相

色相也叫色彩的相貌，不仅是色彩的首要特征，而且是区别各种色彩的最准确的标准，常见的基本色相有红、黄、蓝、绿和紫等。

下面将对基本色相、色相环以及色彩的色相、明度、纯度变化进行展示，以便大家认知基础色彩，如下图所示。

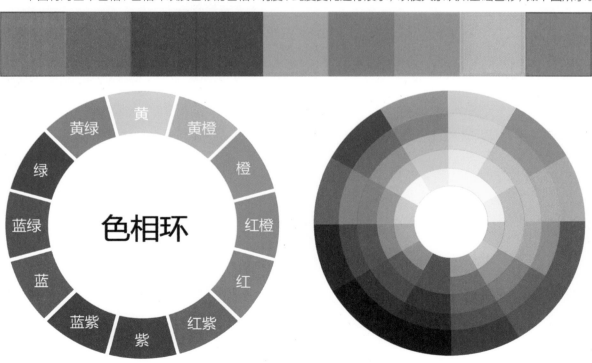

色相、明度、纯度变化

下图是不同色相的人物图标设计示例。

2 明度

　　明度是指色彩的明暗程度，它是由光的强弱决定的一种视觉经验。但是，由于物体表面的反射系数不同，光线照到物体上产生的明度变化也不相同。一般情况下，明度越高，色彩越白越亮，明度越低，色彩越黑越暗，如下图所示。

高明度　　　　　　　　　　　中明度　　　　　　　　　　　低明度

　　下图是不同明度的箭头图标设计示例。

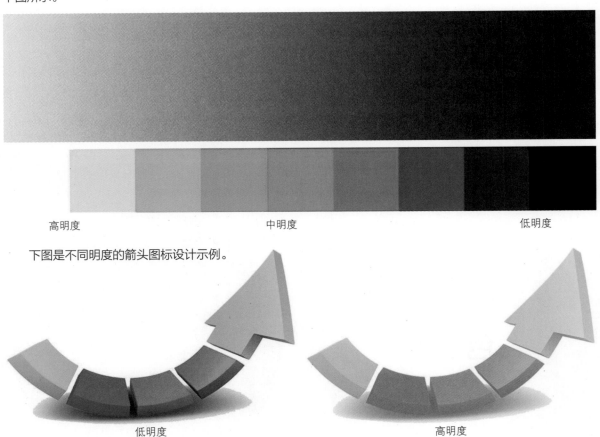

低明度　　　　　　　　　　　高明度

3 纯度

　　纯度通常是指色彩的鲜艳程度，也称饱和度或者彩度，如下图所示。

下图是不同纯度的 App 图标设计示例。

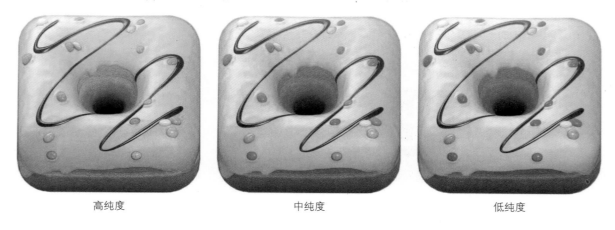

高纯度　　　　　　　　　　中纯度　　　　　　　　　　低纯度

2.2.2　UI 设计中色彩的搭配方法

在 UI 设计领域，基础的色彩知识就是色彩的含义和对于用户体验的影响。颜色是很主观的，它可以唤起人的情绪。但是由于种种因素，相同的颜色对不同的人产生的反应和给予用户的刺激也不相同。

色彩的搭配也称配色或色彩设计，就是要处理好色彩之间的关系。那么想要学好色彩的搭配应该从哪方面入手呢？有什么具体的搭配方法或规律呢？接下来将对 UI 设计中色彩的应用案例进行讲解。

范例一：黄色

黄色属于原色或暖色，是最明亮且最具有活力的颜色，它给人温暖、热情、愉悦的感觉。黄色又有淡黄色、鲜黄色、深黄色以及金黄色之分，不同属性的黄色给人的感觉也不相同，例如，淡黄色给人的感觉是阳光，金黄色给人的感觉是严肃、复古等。

在 UI 设计中，可以尝试多种不同的搭配方法，找到满意的配色效果。黑色是黄色最好的搭配色彩，常常用白色辅助设计，这种搭配方法会让整体效果更加醒目，如下图所示。

范例二：绿色

　　绿色是黄色和蓝色的合成色，它不仅象征生长、成功，而且意味着新生和富饶等。在 UI 设计中，绿色既平静又具有活力，可以达到平衡和协调的效果，相对较稳定。绿色比较适合与财富、新生、自然、健康等相关的设计，如下图所示。

范例三：紫色

　　紫色是红色和蓝色的合成色，象征忠诚、浪漫、激情。一般容易使人联想到创造力、想象力以及高贵，非常适合那些奢侈品的品牌设计，给人以精致、奢华的感觉，如下图所示。

  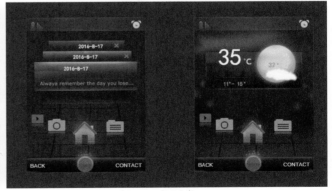

2.3 透视基础

2.3.1 透视的基础知识

透视图具有近大远小，近高远底，近长远短，互相平行的直线的透视会交于一点的特点。

透视的基本术语如下。

立点（SP）：观察者所站立的位置。

视点（EP）：人眼睛的位置。

视高（EL）：视点和立点的垂直距离。

视平线（HL）：由视点向左右延伸的水平线。

灭点（VP）：也称消失点，是空间中互相平行的透视线在画面上汇集到视平线上的交点。

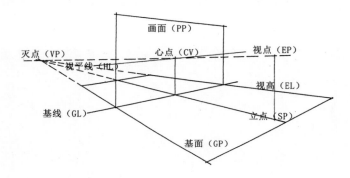

> 提示
>
> 虽然基础概念很复杂，但对于初学者来说只需要记住灭点和视平线即可。

2.3.2 一点透视的特性和画法

一点透视又叫平行透视，是因为在透视的结构中，只有一个透视消失点。下面举例说明一点透视的基本画法和一点透视图标设计手绘效果。

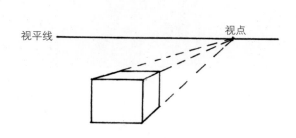

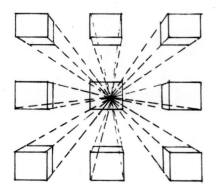

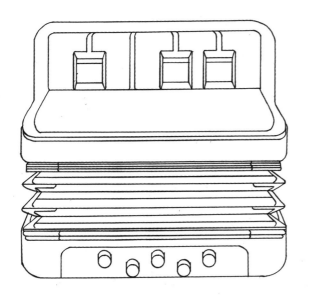

　　一点透视有很多可辨别的特征，例如，平行于画面的平面保持原来的形状，而且相对于画面轮廓的方向不变，没有灭点。水平的线保持水平，竖直的线仍然竖直，并且一点透视表现范围广，纵深感强。

2.3.3　两点透视的特性和画法

　　两点透视又叫成角透视，是因为在透视的结构中，有两个透视消失点（灭点）。下面对两点透视的基本画法和两点透视图标设计手绘效果进行举例说明。

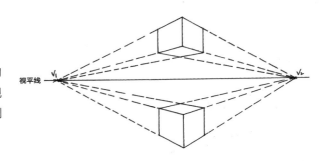

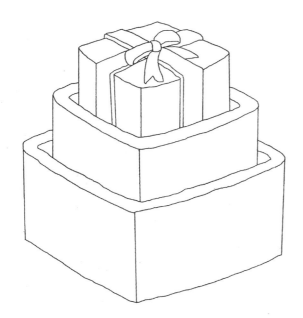

2.3.4　三点透视的特性和画法

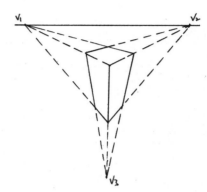

三点透视又称为斜角透视，是由视线与物体所成的角度关系，例如，仰角透视、鸟瞰透视。三点透视有 3 个灭点，所表现的 UI 设计具有较强的纵深感，相对于平行透视来说更具有夸张性和戏剧性，但如果角度和距离选择不当，会产生失真变形。

下面对三点透视的基本画法和三点透视图标设计手绘效果进行举例说明。

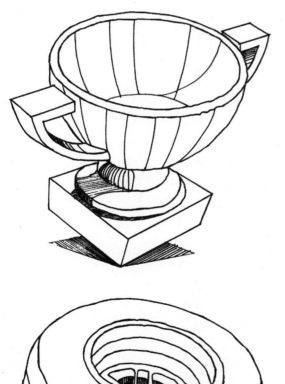

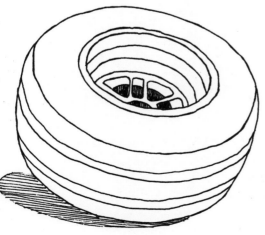

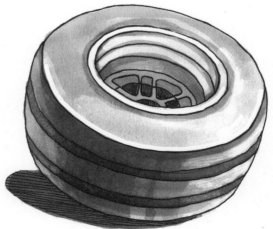

2.4　手绘姿势

要画好手绘，正确的姿势也是重要因素。手绘姿势主要分为握笔姿势和坐姿，下面对握笔姿势和坐姿做详细介绍。

2.4.1　握笔姿势

写字时握笔较紧，手指拿笔较靠前，而绘画时握笔应该放松，手指拿笔较靠后，拿在从笔尾起笔长三分之二的地方。在作画时以小拇指的第 2 个关节作为手与纸的接触点，并作为支撑点。手臂离画架要有差不多一个手臂的距离，这样才能舒展得开。

下面将介绍画线条时握笔、运笔要注意的问题。

❶ 手指关节、手腕不允许动，线条是通过手臂的整体运动而产生的。

❷ 手侧面不能悬空，要与纸面接触，否则容易造成重心不稳，线条不肯定。

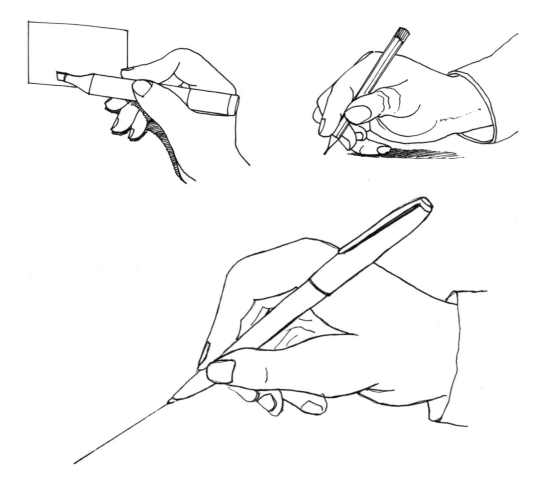

2.4.2 坐姿

    作画时上身坐正,两肩齐平;头正背直胸挺起,胸口离桌沿一拳左右;左手按纸,右手执笔;眼睛与纸面应该保持一定距离,不要长时间低头画,要时不时站起来观察,这样比较容易发现错误方便及时改正。

[复习思考题]

❶ 掌握并熟练运用 UI 设计手绘工具。

❷ 巩固色彩知识,尝试练习 UI 设计色彩搭配。

第3章

UI 设计材质表现

材质表现是 UI 设计手绘中重要的一部分，多种材质表现的练习不仅可以帮助我们更好地表达设计创意，而且质感的表现可以丰富细节，让作品更加精细、与众不同。

UI 设计材质丰富多样，但是不同种类的材质，其表现手法也各不相同。本章主要介绍皮革材质、玻璃材质、毛绒材质、木头材质、金属材质等 UI 设计中常见材质的表现。

3.1　皮革材质图标

3.1.1　皮革材质表现要点

　　皮革材质的表现要注意材料的特性及其影响，要把握好皮革的自然颜色和真实的皮革质感的表达，完善表面的触感。并且要添加缝合线，整体要有立体感，注意表现出反光。

3.1.2　皮革材质在 UI 设计中的应用

　　皮革材质在 UI 设计中的应用非常广泛，例如，皮革图标设计、皮革质感展窗、皮革 UI 工具包、皮革 App 等，如下图所示。

3.1.3 皮革材质质感的表达

皮革材质一般有真皮、人造皮和再生皮之分，不同类型的皮革材质的特性及用法也不相同。但是在 UI 设计手绘中，皮革材质的特性及质感的表达不用仔细区别开来，掌握几种常见的皮革材质表达手法即可。

下面对几种常见皮革材质质感的表达进行讲解。

绘制步骤

01. 　用直线画出大小一致的正方形，确定画面的布局。

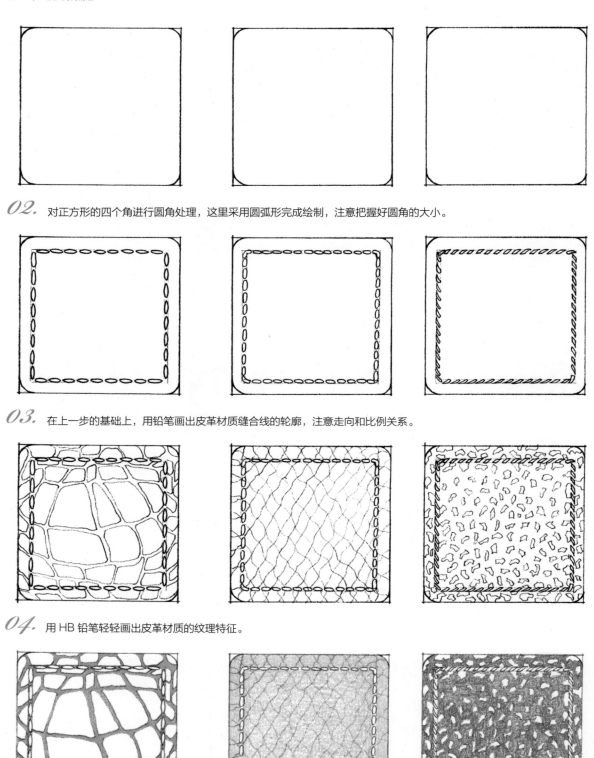

02. 对正方形的四个角进行圆角处理，这里采用圆弧形完成绘制，注意把握好圆角的大小。

03. 在上一步的基础上，用铅笔画出皮革材质缝合线的轮廓，注意走向和比例关系。

04. 用 HB 铅笔轻轻画出皮革材质的纹理特征。

05. 用 416 号（ ）彩铅、409 号（ ）彩铅、478 号（ ）彩铅采用平涂的手法铺第一遍颜色。

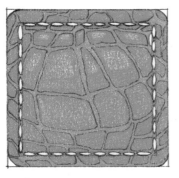 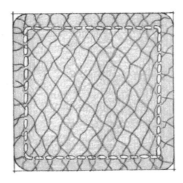 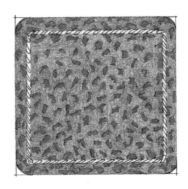

06. 用 418 号（）彩铅、487 号（）彩铅、492 号（）彩铅铺第二遍颜色并刻画皮革材质纹理细节。

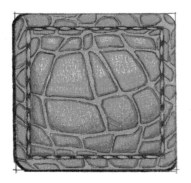 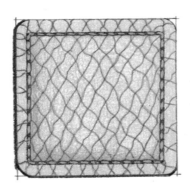 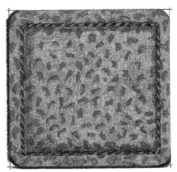

07. 用 476 号（）彩铅画缝合线的颜色并加深边缘表现暗部，用 414 号（）彩铅、483 号（）彩铅进一步调整画面的明暗关系，完善画面，完成绘制。

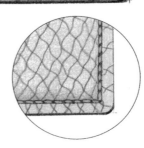

皮革材质中间部分微微凸起，所以绘制时要加深明暗对比关系，右图是局部细节刻画放大图。

学习了皮革材质的质感表达之后，接下来对皮革材质在 UI 设计手绘中的应用以及表现进行举例。

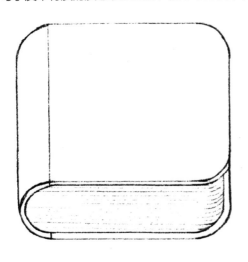 

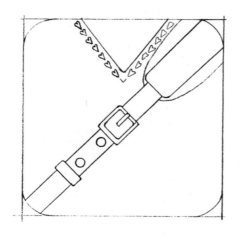

3.2 玻璃材质图标

3.2.1 玻璃材质表现要点

　　玻璃材质的纹理多种多样，有破碎的、五彩的、磨砂的，也有透明的。不同的玻璃具有不同的特点，利用这些不规则组合的玻璃材质进行 UI 设计，不仅新鲜好看、具有吸引力，而且给人一种变幻莫测、神秘的感觉。下图是几种常见的玻璃材质示例。

　　相对而言，玻璃材质在图标设计中的应用较广泛，下图是玻璃材质在 UI 设计中的应用示例。

3.2.2　玻璃材质质感的表达

　　玻璃材质在手绘表现时，要把反射面和透明面相结合，使画面更有活力。同时要注意玻璃材质的折射效果，并且上色时不宜铺满，可以采用留白的手法来表现其透明的质感。

　　下面对玻璃材质质感的表达进行讲解。

01.　用直线画出玻璃材质的轮廓，这里用长方形概括处理。

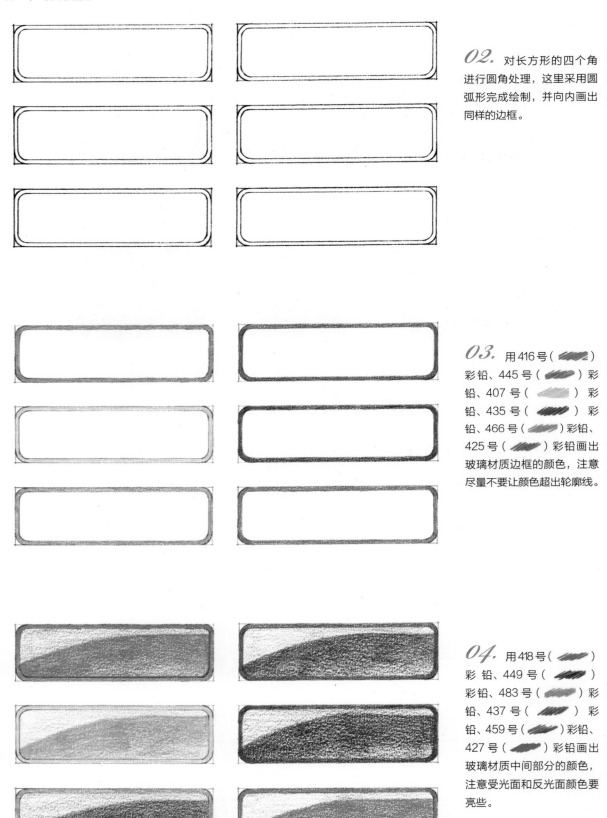

02. 对长方形的四个角进行圆角处理，这里采用圆弧形完成绘制，并向内画出同样的边框。

03. 用416号（　　）彩铅、445号（　　）彩铅、407号（　　）彩铅、435号（　　）彩铅、466号（　　）彩铅、425号（　　）彩铅画出玻璃材质边框的颜色，注意尽量不要让颜色超出轮廓线。

04. 用418号（　　）彩铅、449号（　　）彩铅、483号（　　）彩铅、437号（　　）彩铅、459号（　　）彩铅、427号（　　）彩铅画出玻璃材质中间部分的颜色，注意受光面和反光面颜色要亮些。

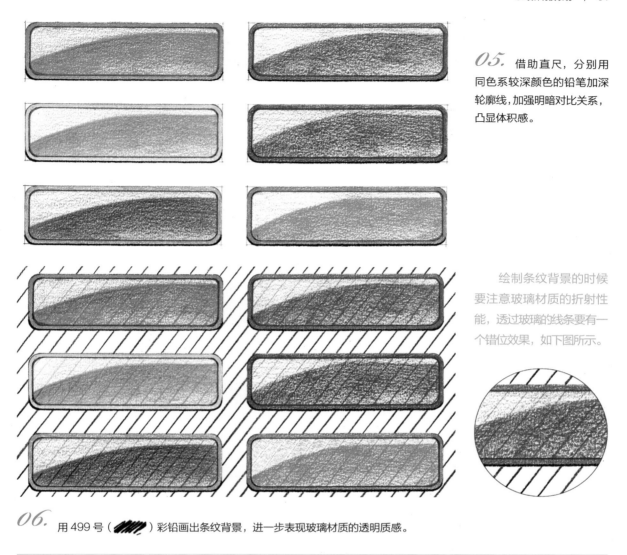

05. 借助直尺，分别用同色系较深颜色的铅笔加深轮廓线，加强明暗对比关系，凸显体积感。

绘制条纹背景的时候要注意玻璃材质的折射性能，透过玻璃的线条要有一个错位效果，如下图所示。

06. 用 499 号（⬛）彩铅画出条纹背景，进一步表现玻璃材质的透明质感。

3.2.3 玻璃材质手绘表现

前面讲解了玻璃材质的基本画法，接下来将增加难度，把玻璃材质的画法应用到 UI 设计手绘中，对玻璃材质图标设计手绘表现进行讲解。

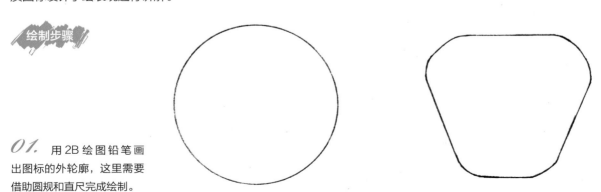

绘制步骤

01. 用 2B 绘图铅笔画出图标的外轮廓，这里需要借助圆规和直尺完成绘制。

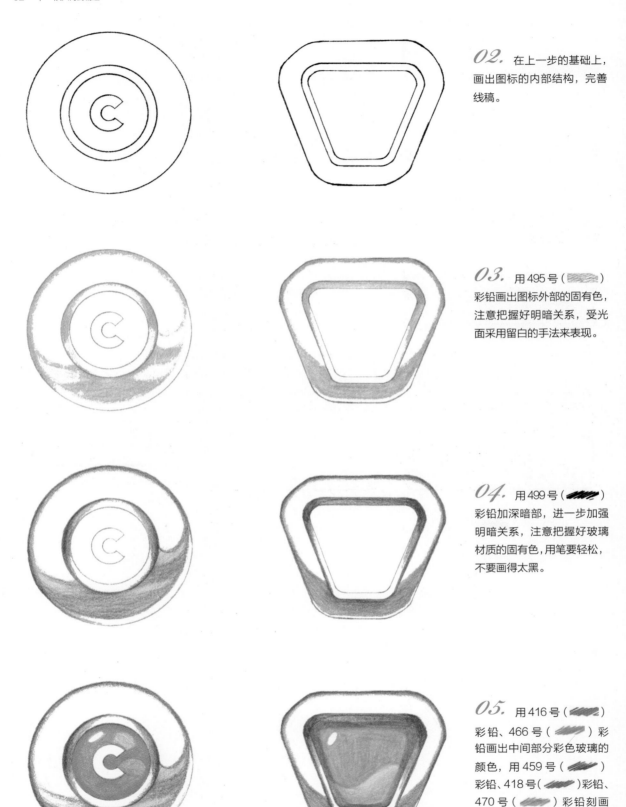

02. 在上一步的基础上，画出图标的内部结构，完善线稿。

03. 用 495 号（　　）彩铅画出图标外部的固有色，注意把握好明暗关系，受光面采用留白的手法来表现。

04. 用 499 号（　　）彩铅加深暗部，进一步加强明暗关系，注意把握好玻璃材质的固有色，用笔要轻松，不要画得太黑。

05. 用 416 号（　　）彩铅、466 号（　　）彩铅画出中间部分彩色玻璃的颜色，用 459 号（　　）彩铅、418 号（　　）彩铅、470 号（　　）彩铅刻画暗部和亮面，增添颜色层次变化。

06. 用 499 号（）彩铅调整画面并刻画局部细节，完成绘制。

3.3　毛绒材质图标

3.3.1　毛绒材质的特点

毛绒材质的种类很多，在 UI 设计中，长毛绒和短毛绒是较常用的毛绒材质。由于毛绒材质具有柔软的质感，所以被广泛应用在玩具等特殊材质的图标设计中，如下图所示。

3.3.2　毛绒材质质感的表达

相对而言，毛绒材质比较柔软，所以在绘制时，线条要轻松随意，可以采用曲线或抖线完成绘制。但是要注意笔触的变化，不要画得过于呆板，颜色要有丰富的层次变化。

绘制步骤

01. 用直线画出一个正方形的轮廓。

02. 对正方形的四个角进行圆角处理，这里采用圆弧形完成绘制，注意把握好圆角的大小。

03. 用橡皮擦把铅笔线条擦得淡一些，用 470 号（）彩铅按照之前的轮廓画出毛绒材质的外形。

04. 用 407 号（）彩铅铺第一遍颜色，这一步主要采用平涂的手法完成。

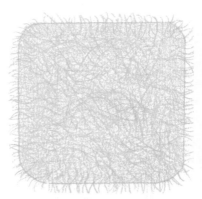

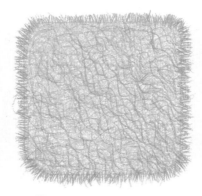

05. 用 470 号（）彩铅铺第二遍颜色。

06. 用 466 号（）彩铅刻画毛绒材质的质感，注意线条的疏密变化，不要完全遮盖住上一步的颜色。

07. 用 473 号（）彩 铅、463 号（）彩铅进一步刻画毛茸茸的质感，丰富画面的颜色。

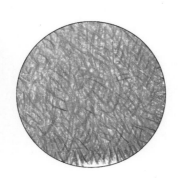

注意把握好彩色铅笔的上色规律，上色时要先从亮色开始绘制，然后一层一层地叠加深色。

08. 用 459 号（）彩 铅、457 号（）彩铅调整画面颜色，并刻画局部细节，完成绘制。

3.3.3　毛绒材质手绘表现

　　前面讲解了毛绒材质的基本画法，接下来将增加难度，把毛绒材质的画法应用到 UI 设计手绘中，对毛绒材质文件夹图标设计的手绘表现进行讲解。

01.　根据透视关系，用直线画出平行四边形，并对四个角进行圆角处理。

02.　用 2B 铅笔画出文件夹图标剩余部分的轮廓，完善线稿。

邮
电

03.　用 470 号（　）彩 铅、454 号（　）彩铅、419 号（　）彩铅画出毛绒材质图标的固有色。

04.　用 466 号（　）彩 铅、461 号（　）彩铅、429 号（　）彩铅刻画材质的质感。

05.　用 459 号（　）彩 铅、457 号（　）彩铅、433 号（　）彩铅加深画面的暗部，并修饰轮廓线，加强空间感。

06. 用 476 号（ ✐ ）彩铅画出投影的颜色，使画面看起来更稳。调整并完善画面，完成绘制。

3.4 木头材质图标

3.4.1 木头材质表现要点

添加木材纹理是最常用也是通用的一种设计手法，它可以让设计主题更加真实。在设计过程中要注意颜色的变化，一般深色会显得扎实内敛，而亮色会显得轻柔、平静，给人舒适的感觉。木头材质被广泛应用到与伐木业、餐饮业以及农业等相关的网站设计中。

下面对木头材质在 UI 设计中的应用进行举例。

3.4.2 木头材质质感的表达

在 UI 设计手绘效果图中，根据不同木材的质感特点，要运用不同的绘制方法，以得到想要的效果。在绘画过程中注意原木质感的表达，要把握好原木的纹理结构和疏密变化。

01. 用直线画出大小一致的正方形，确定画面的格局。

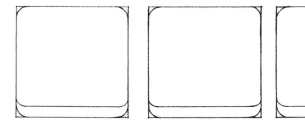

02. 对正方形的四个角进行圆角处理，这里采用圆弧形完成绘制，然后在正方形的底部画出厚度。

 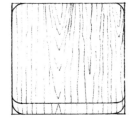 

03. 用轻松随意的线条画出木头材质的肌理，注意把握好线条的走向和疏密变化。

 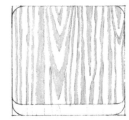 

04. 用 480 号（ ）彩铅、409 号（ ）彩铅、407 号（ ）彩铅刻画木头材质肌理的颜色。

05. 用 483 号（ ）彩铅、487 号（ ）彩铅画出剩余部分的颜色，并加深暗部。

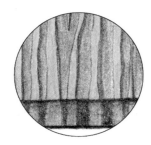

06. 加深底部的轮廓线，进一步加强颜色明暗对比关系，凸显体积感、空间感。调整并完善画面，完成绘制。

绘制浮雕效果的木纹肌理时，细小的部分也要有颜色明暗对比，如上图所示。

3.4.3　木头材质手绘表现

绘制木头材质 UI 设计时，木材的肌理可以适当弱化，要以木材的自然色为主，处理好画面的虚实关系。还要把握好透视的原理特征，结构要交代清楚。

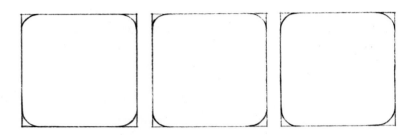

01.　用直线画出正方形，并对 4 个角进行圆角处理。

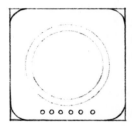 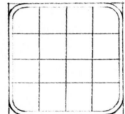 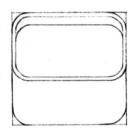

02.　根据比例关系，用 2B 铅笔画出木头材质图标的内部结构。

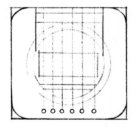 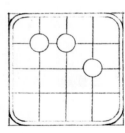 

03.　添加局部细节，进一步完善线稿，注意把握好层次感，线条的叠压关系要准确。

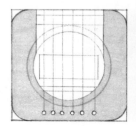 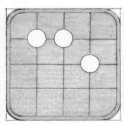 

04.　用 409 号（　　　）彩铅铺第一遍颜色，画出木材的基本色。

05. 用 414 号（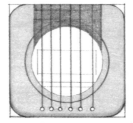）彩铅、
478 号（）彩铅加深暗部，加强
颜色明暗对比关系，凸显体积感。

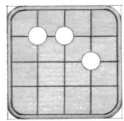

06. 用 499 号（）彩 铅、
459 号（）彩铅、466 号（）
彩铅、495 号（）彩铅、476 号
（）彩铅刻画棋子、植物等剩余
部分的颜色。

07. 用 478 号（）彩铅刻画
木头材质的肌理效果，注意线条不要画
得过重，要有虚实对比。然后调整画面，
完成绘制。

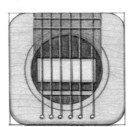

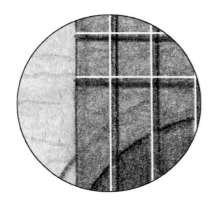
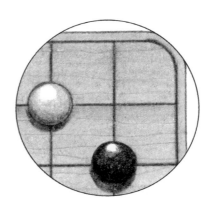

在绘制时，无论形体大小都要时刻注意画面的明暗对比关系。上图是木头材质图标设计手绘局部细节刻画放大图。

3.5 金属材质图标

3.5.1 金属材质表现要点

　　金属材质的反光质感很重要，它的反光主要表现在受光面以及周边事物的反光。金属材质 UI 设计要注意固有色、光源色以及环境色的影响，把握好颜色的层次变化，过渡要自然、细腻。下面对金属材质图标设计进行举例，如下图所示。

3.5.2 金属材质表现技法

　　对于金属材质的刻画，在线条的表达上要肯定稳重，表现出坚硬、光滑的质感。除此之外，还要把暗面、灰面和亮面区别开来。

01. 用直线画出一个正方形。

02. 对正方形的四个角进行圆角处理，注意线条要自然流畅。

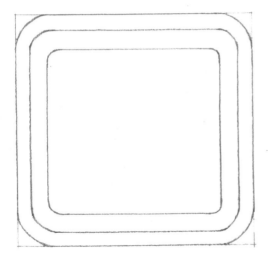

03. 根据透视关系，用铅笔画出金属材质的内部结构，注意厚度的表达。

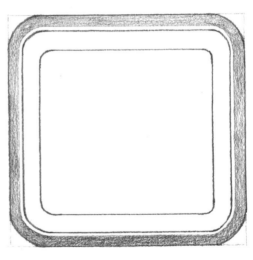

04. 用 HB 铅笔画出最外面一层的颜色，注意预留出高光部分。

05. 用 2B 铅笔刻画金属材质的暗部，由于光照的强弱变化，暗部要有层次感，过渡要自然。

06. 用排线的手法刻画局部细节，并添加投影，调整并完善画面，完成绘制。

最后画面的调整阶段用质地较硬的 HB 铅笔刻画局部细节，线条要清晰，有疏密变化。右图是局部细节刻画放大图。

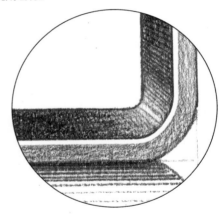

3.5.3　金属材质手绘表现

前面讲解了金属材质的基本画法，接下来将增加难度，把金属材质的画法应用到 UI 设计手绘中，对金属材质图标设计的手绘表现进行讲解。

01. 用直线画出金属材质图标的大体轮廓，这里用正方形概括处理。

02. 对正方形的四个角进行圆角处理，并刻画图标的内部结构。

03. 继续画出图标的字母标识，完善线稿。

04. 用 2B 铅笔画出金属材质图标的暗部，注意反光效果的表达。

05. 借助直尺，用 HB 铅笔采用排线的手法画出图标顶面的颜色。

06. 用 4B 铅笔刻画字母标识的颜色，注意不要画得太满，适当留白以表现受光面，凸显体积感、空间感。调整并完善画面，完成绘制。

注意线条要有虚实变化，整体画面的层次关系要明确。右图是局部细节刻画放大图。

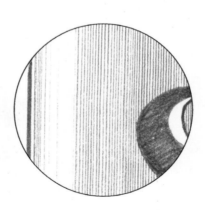

3.6 其他材质图标设计

3.6.1 陶瓷材质图标设计

金属和非金属元素之间的化合物就是陶瓷材料，常见的有氧化物、氮化物和碳化物等。随着科学技术的发展，陶瓷在某些方面也产生了很大的变化，如花色、性能等。

由于陶瓷材料具有品种多、色彩丰富、精度高等较多的优势，所以在 UI 设计中的应用也较为广泛。下面对陶瓷材质图标设计进行举例。

3.6.2 纸材质图标设计

纸材质也是 UI 设计中的材质之一，具体设计过程中，不仅可以运用纸盒子、折纸、纸质肌理等元素，而且纸质的自然颜色也是纸材质图标设计的重要元素。

下面对纸材质图标设计进行举例。

[复习思考题]

❶ 金属材质 UI 设计练习。
❷ 木头材质 UI 设计练习。
❸ 玻璃材质 UI 设计练习。

第 4 章

UI 中基本元素的表现

在学习 UI 手绘效果图表现之前，首先应该对界面中基本元素的表现进行训练。本章主要介绍按钮、开关、进度条、对话框、标签栏等 UI 中基本元素的手绘表现。

4.1 按钮

4.1.1 按钮设计的原则

按钮是 UI 设计中常见的元素之一，它的样式很多，但其实大同小异，都需要遵循一些基本原则。

那么 UI 设计中常见的按钮应该如何设计？需要遵循哪些基本原则呢？接下来将对按钮设计的原则进行介绍。

1 要与品牌相符

这里的"相符"是指和品牌要一致，颜色和视觉风格要根据品牌 Logo 进行设计，例如，Logo 的形状、材质、图案、颜色等都可以借鉴并应用到按钮设计中。

2 要与上下文的内容相符

参考品牌的设计时，要结合所设计的内容，做到图文合一，能够互相融合，千万不要追求漂亮而强加进去。

3 确保按钮有足够的对比性

按钮设计不要平均对待，较重要的按钮要在色彩、大小及字体等方面进行强调，做得显眼一些，如下图所示。

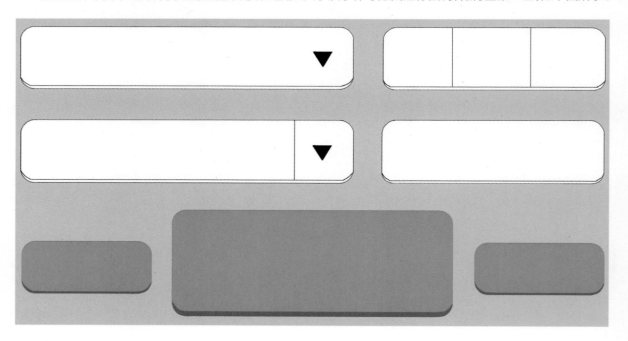

4 考虑圆角或直角的按钮

按钮之间要有对比，不要全部都是圆角或全部都是直角，可以圆角与直角相结合，产生强烈的对比，如下图所示。

5 可以稍微削弱次要的 UI 元素

    要把握好按钮之间的主次关系，通过减少对次要按钮的装饰性效果来突出主要按钮，不重要的按钮比次要按钮还需要削弱效果，如下图所示。

6 为按钮添加边框

    边框的添加直接影响按钮整体的设计效果，例如，按钮比背景颜色深，用深色边框或无边框效果较好；按钮比背景颜色浅，无边框显得杂乱，而深色边框会显得饱满，如右图所示。

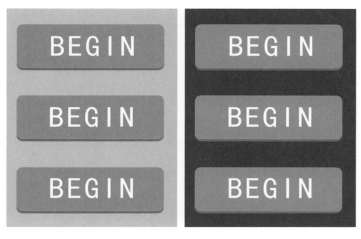

7 要谨慎对待模糊的阴影

模糊的阴影用在浅色背景或深色背景下都不错，但是要注意元素与背景颜色之间的关系。如果元素比背景色浅，那么模糊的阴影效果较好；如果元素比背景色深，那么使用模糊的阴影时需要慎重。

8 符号可以多利用

一般情况下，符号比文字更加直观明了，设计时可以多加利用，例如，朝右箭头符号、朝下箭头符号等，如下图所示。

4.1.2　扁平化按钮设计

扁平化按钮设计是指只采用二维元素，不添加阴影、斜面、突起、渐变等修饰性的设计。清晰的层次结构和元素布局是优秀的扁平化按钮设计应该做到的，它的应用越来越广泛。

下面对一系列水果元素扁平化按钮设计手绘表现进行讲解。

01. 用 2B 铅笔画出扁平化按钮的主要轮廓。

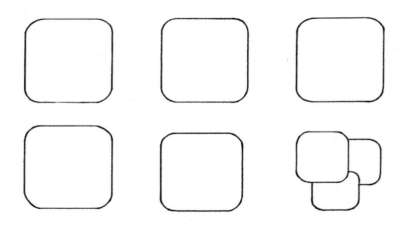

02. 继续用铅笔画出水果元素叶片和蒂的形状。

03. 刻画按钮的内部结构，完善线稿。

  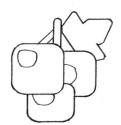

04. 用 483 号（　）彩铅、487 号（　）彩铅、418 号（　）彩铅、492 号（　）彩铅、416 号（　）彩铅、466 号（　）彩铅铺第一遍颜色。

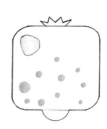   

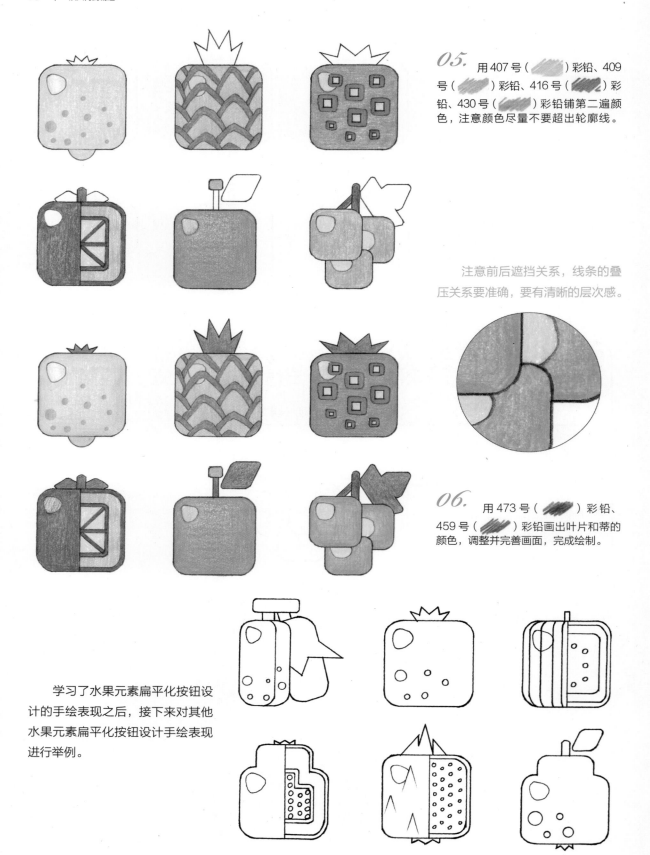

05. 用 407 号（　　）彩铅、409 号（　　）彩铅、416 号（　　）彩铅、430 号（　　）彩铅铺第二遍颜色，注意颜色尽量不要超出轮廓线。

注意前后遮挡关系，线条的叠压关系要准确，要有清晰的层次感。

06. 用 473 号（　　）彩铅、459 号（　　）彩铅画出叶片和蒂的颜色，调整并完善画面，完成绘制。

学习了水果元素扁平化按钮设计的手绘表现之后，接下来对其他水果元素扁平化按钮设计手绘表现进行举例。

4.2 开关

4.2.1 简易色块开关设计

开关根据情况和性质的不同，在颜色、标志等方面的设计也不相同，而直观、简单的设计就是采用色块来区分开关的性能，如下图所示。

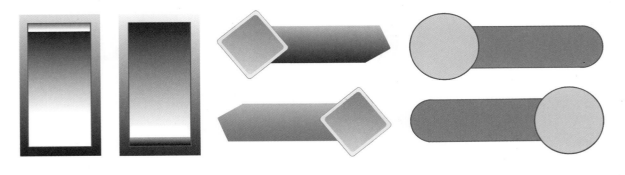

4.2.2 开关设计手绘表现

开关的绘制要注意把握好外形特征，比例关系要准确，画面的色调要和谐统一，反光和高光部分要表达到位。

绘制步骤

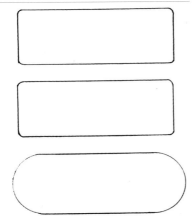

01. 用2B铅笔画出开关的外轮廓，注意把握好外形特征。

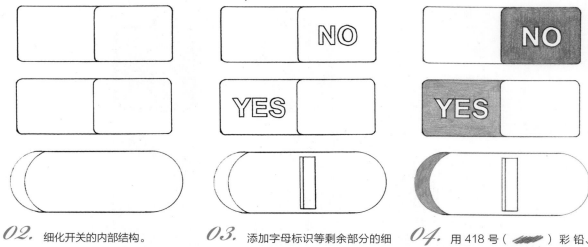

02. 细化开关的内部结构。

03. 添加字母标识等剩余部分的细节，完善线稿。

04. 用 418 号（▨）彩 铅、466 号（▨）彩铅画出开关的标志性色彩。

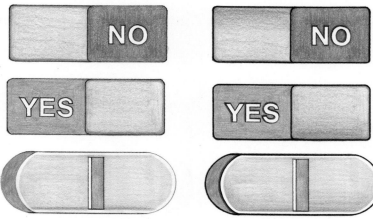

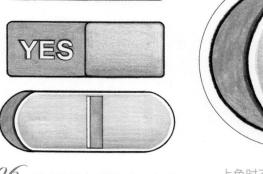

05. 用 495 号（▨）彩铅画出开关的固有色，注意颜色要轻，表达出白色的质感。

06. 用 499 号（▨）彩铅修饰轮廓线，调整并刻画局部细节，完成绘制。

上色时不要铺得太满，适当留白表现受光面和反光面，暗部要加重表现投影，凸显体积感、空间感。

下面对其他常见的开关设计手绘表现进行举例，如下图所示。

范例 1

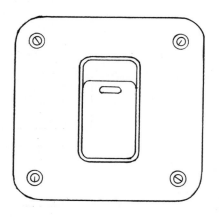

范例 2

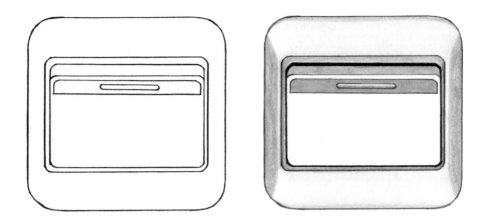

4.3 进度条

4.3.1 进度条设计基础

进度条是 UI 中重要的元素之一，它是网页加载时的图标。有创意、有趣的进度条不仅可以吸引用户，而且可以让他们更有耐心，使等待过程不那么枯燥。接下来一起看看几个非常具有设计感的进度条吧，如下图所示。

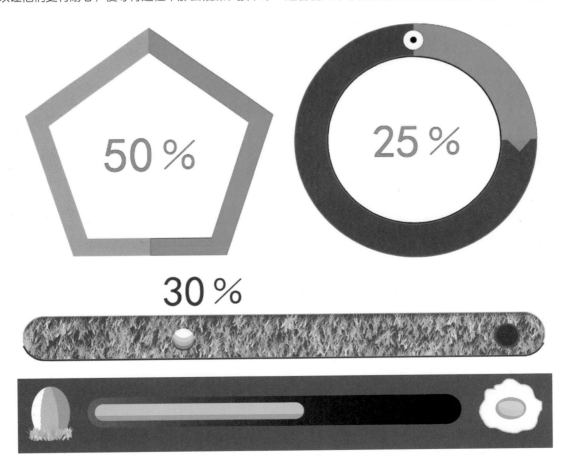

4.3.2 常见进度条设计手绘表现

绘制进度条时，要把握好它的设计风格及造型特征，颜色搭配要合理并且具有强烈的明暗对比关系，注意材质质感的表达。

绘制步骤

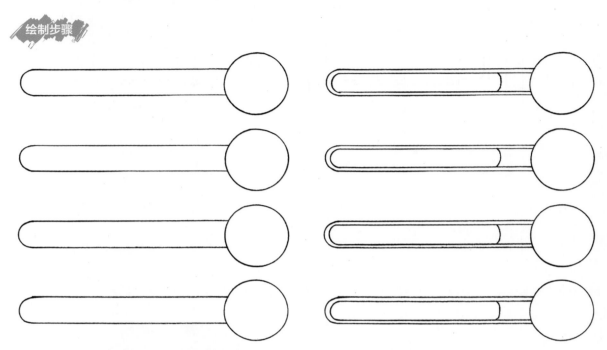

01. 借助尺规工具，用 2B 铅笔画出进度条的外轮廓，注意把握好比例关系。

02. 在上一步的基础上画出进度条内部的结构。

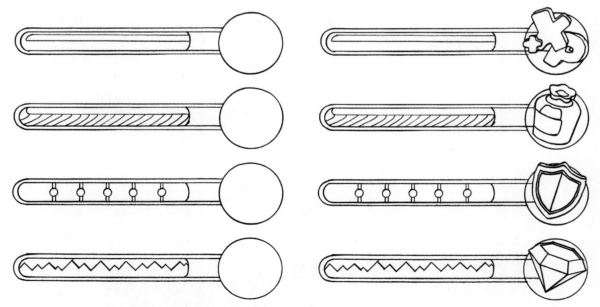

03. 继续刻画细节，表现进度条的局部纹理特征。

04. 在右边的圆形里画出相应图标的轮廓，完善线稿。

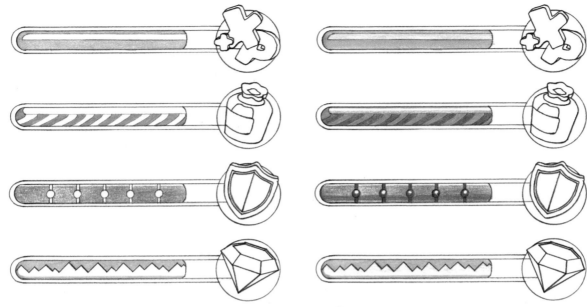

05. 用 414 号（ ▨ ）彩铅、463 号（ ▨ ）彩铅、434 号（ ▨ ）彩铅、454 号（ ▨ ）彩铅画出进度条长条形部分的固有色。

06. 用 404 号（ ▨ ）彩铅、459 号（ ▨ ）彩铅、435 号（ ▨ ）彩铅加深暗部和明暗交界线，加强颜色明暗对比关系。

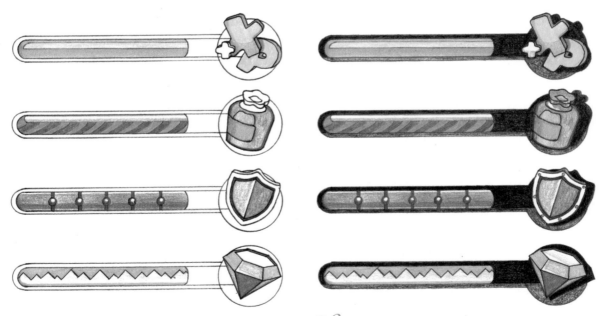

07. 用 451 号（ ▨ ）彩铅、443 号（ ▨ ）彩铅、454 号（ ▨ ）彩铅、429 号（ ▨ ）彩铅为圆形图标铺第一遍颜色。

08. 用 487 号（ ▨ ）彩铅、495 号（ ▨ ）彩铅画出圆形图标剩余部分的颜色，用 499 号（ ▨ ）彩铅画出进度条最外层深色部分的颜色并刻画局部细节，完成绘制。

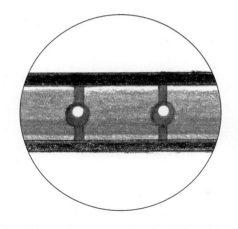

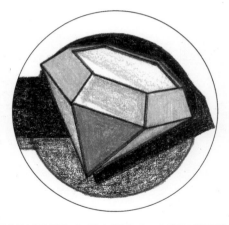

颜色要有丰富的层次变化，过渡要自然，注意圆柱体体积感的表达。

绘制钻石图标时，线条要肯定，表现其坚硬的质感，结构要交代清楚，透视要准确。

下面对其他常见的进度条设计手绘表现进行举例，如下图所示。

范例 1

范例 2

4.4 对话框

4.4.1 对话框设计要点

对话框是用来提醒、做决定或者完成任务的一种交互方式，例如，关闭窗口、游戏提示窗口等。对话框在 UI 设计中的受关注度越来越高，好的对话框设计不仅可以让用户更快更省力地完成任务，而且提供了更多功能性的选择。

但是，设计时要注意创新，而不是简单的内容堆放。还要了解对话框的尺寸，对设计风格流行趋势等信息进行收集，要考虑对话框的使用场景等重要因素。

除此之外，对话框不需要滚动设计，否则会影响用户注意力的集中。并且对话框上尽量不要再出现一个对话框，这样会加重用户的负担，这些都是 UI 中不可忽视的对话框设计细节，需要格外注意。

4.4.2 提示对话框设计手绘表现

学习了对话框设计的要点之后，接下来对常见的游戏提示对话框手绘表现进行讲解，注意材质质感的表达。

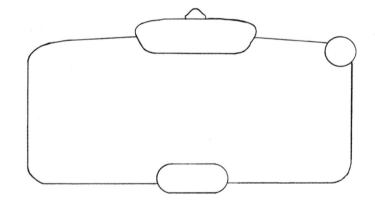

01. 根据比例关系，用铅笔画出对话框主体部分大致的轮廓。

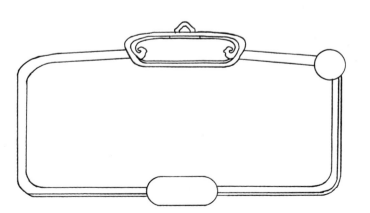

02. 在上一步的基础上画出对话框的厚度以及局部造型。

03. 在对话框下边的两个角处添加
水晶造型，注意把握好前后遮挡关系。

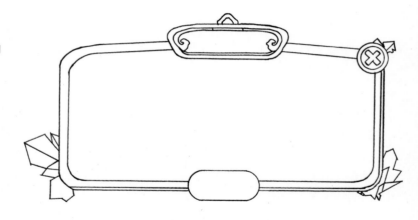

04. 为对话框添加文字信息，完善
画面，使画面看起来更加精细。

05. 用 447 号（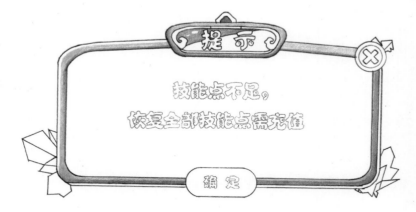）彩铅画出对
话框外框的固有色，用 445 号（   ）
彩铅适当加重暗部，注意画面不要铺得太
满，适当留白表现受光面。

06. 用 443 号（   ）彩铅、
454 号（   ）彩铅刻画对话框角落
水晶的颜色，并画出对话框底部的暗面
颜色。

07. 用 407 号（　　　）彩铅、409
号（　　　）彩铅、414 号（　　　）彩铅、
492 号（　　　）彩铅为对话框中图标以
及文字上色。

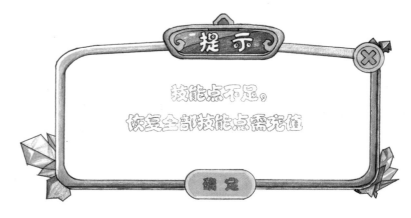

08. 用 457 号（　　　）彩铅采用
平涂的手法为对话框的内部背景上色，
调整并完善画面，完成绘制。

4.4.3　任务对话框设计手绘表现

下面对游戏奖励领取任务对话框手绘表现进行讲解，绘制时要注意画面的整体布局要合理，色调要和谐统一。

01. 用直线画出对话框主体部分的
轮廓，并处理好圆角。用轻松随意的曲
线在顶端画出丝带状装饰的轮廓，注意
线条的遮挡关系要准确。

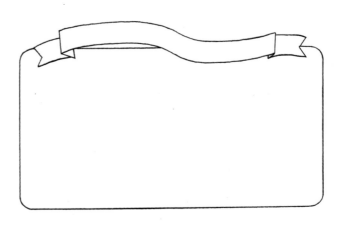

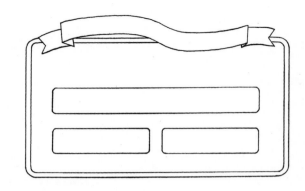

02. 在上一步的基础上画出对话框
的厚度，并在对话框内部画出不同大小
的矩形方框。

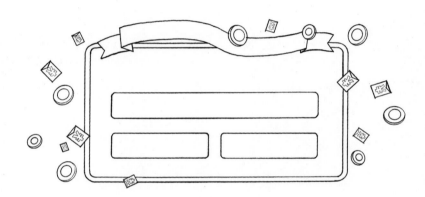

03. 在对话框边缘及周围添加红包
和钱币图形，丰富画面的内容。注意图
形的分布位置，要有方向、大小变化。

04. 用 416 号（）彩铅画出
对话框边框的固有色，并刻画局部造型。

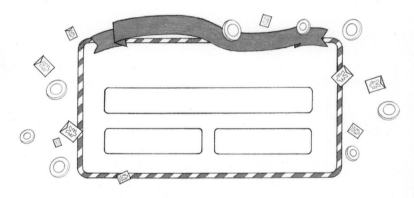

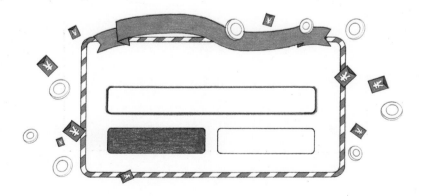

05. 用 418 号（）彩铅为红
包图形铺色，并画出内部图标的外框。

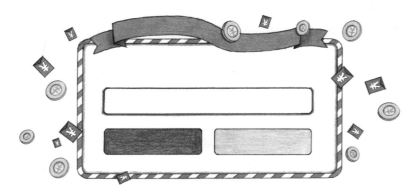

06. 用 492 号（　　）彩铅加深画面的暗部，加强颜色明暗对比。用 495 号（　　）彩铅、407 号（　　）彩铅、414 号（　　）彩铅画出剩余部分的颜色，注意颜色要有层次变化。

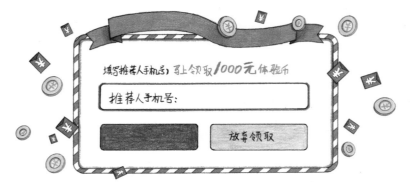

07. 用 499 号（　　）彩铅、416 号（　　）彩铅为对话框添加文字信息，完善画面，使画面看起来更加精细。

4.4.4　木质对话框设计手绘表现

　　随着产品的变化趋势，对 UI 中对话框设计视觉方面的要求越来越高，逐渐向简洁、轻盈、透明等风格发展。但是，材料质感的表达会让对话框设计增色不少，尤其是游戏界面中的对话框设计，这些细节刻画会让人感觉更加逼真。

　　接下来对游戏界面中常见的木质对话框手绘表现进行讲解。

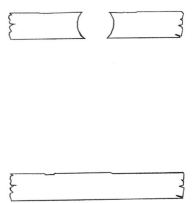

01. 用铅笔画出对话框上下造型的轮廓，注意把握好线条的节奏，不要画得太直，要有层次不齐的变化。

02. 在上一步的基础上画出对话框剩余部分的造型，确定画面的构图。

03. 深入刻画局部细节，添加图标等，使画面看起来更加完善。

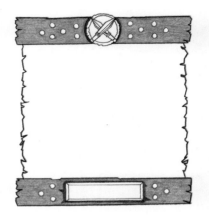

04. 用 478 号（ ）彩铅、476 号（ ）彩铅画出木质部分的固有色，并适当加重暗部。

05. 用 418 号（ ）彩铅、492 号（ ）彩铅刻画顶端圆形图标的颜色，用 407 号（ ）彩铅、409 号（ ）彩铅为中间部分铺色，注意颜色的自然过渡。

06. 用 445 号（ ）彩铅、449 号（ ）彩铅、454 号（ ）彩铅刻画图标以及圆形装饰的颜色。用 476 号（ ）彩铅画出投影并刻画木纹肌理效果，调整并完善画面，完成绘制。

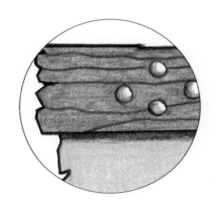

木质质感的表达要注意把握好木材的自然色，并且可以适当添加肌理效果。左图是局部细节刻画放大图。

4.5　标签栏

4.5.1　标签栏设计概述

标签栏是移动设备上流行的一种导航方式，其中图形设计和文字设计所占比重较大。在具体设计过程中，可以参考一些标准化的设计指南，例如，选中状态的标签栏要稍亮，在视觉上要呈活动状态，标签的数量不宜过多，在标签栏上用亮丽颜色的数字气泡或其他形式对新消息进行提醒等，如下图所示。

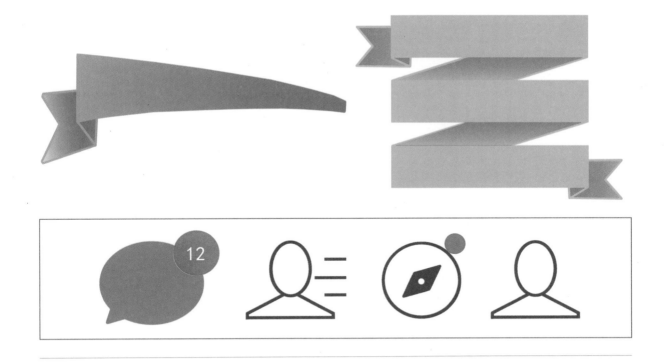

4.5.2　木纹质感的标签栏设计手绘表现

标签栏设计的材质种类丰富多样，例如，纸、丝带、透明玻璃等。而木纹质感的标签栏设计风格独特，韵味儿十足，非常适合游戏界面中的标签栏设计。下面对常见的木纹质感的标签栏手绘表现进行讲解。

01. 根据透视关系，用轻松随意的曲线概括画出标签栏的大体轮廓。

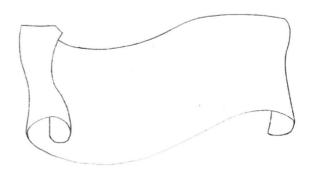

02. 在边缘处画出木头材质锯齿状的质感。

03. 用铅笔轻轻画出木纹肌理的轮廓，完善线稿。

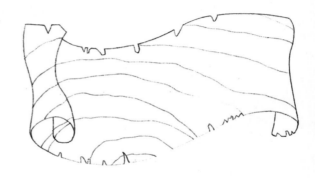

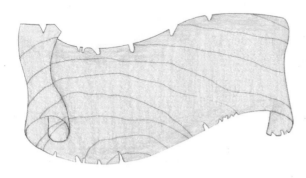

04. 用 409 号（）彩铅为标签栏铺第一遍颜色，这一步主要采用平涂的手法完成绘制。

05. 用 414 号（　　　）彩铅加深明暗交界处，注意不要完全遮盖住上一步的颜色，过渡要自然。

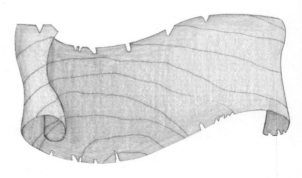

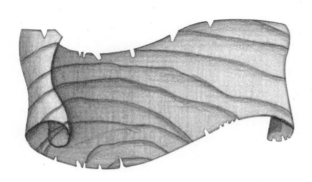

06. 用 478 号（　　　）彩铅、492 号（　　　）彩铅进一步加重画面的暗部，并刻画木纹质感的肌理效果。调整并完善画面，完成绘制。

　　学习了木纹质感的标签栏设计手绘表现之后，接下来对其他常见标签栏设计手绘表现进行举例，如下图所示。

范例 1

范例 2

范例 3

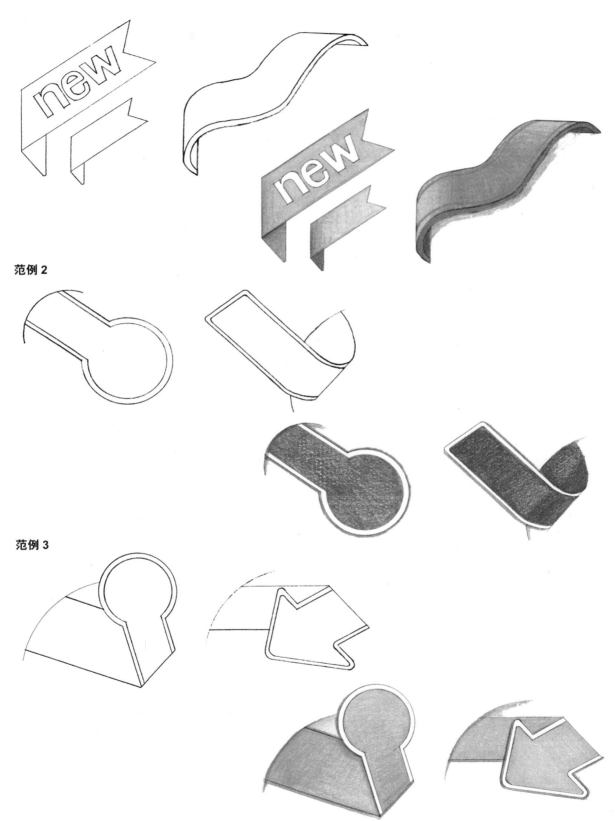

范例 4

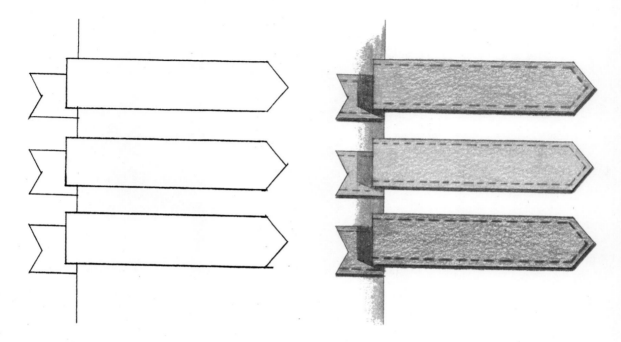

复习思考题

❶ 临摹按钮设计。

❷ 临摹开关设计。

❸ 临摹木质对话框设计。

第 5 章

UI 图标设计

图标设计的好坏直接影响着整体 UI 设计效果，因为互联网的发展飞快，所以用户对视觉效果的要求也越来越高，而图标设计则是整个 UI 设计中的关键元素。

本章主要介绍常用图标设计、扁平化图标设计、风格图标设计以及立体图标设计手绘表现。

5.1 UI 图标设计的过程

1 初期考虑

　　图标设计是 UI 设计师必备的技能之一，而一个好的图标并不是单单好看、漂亮就可以，好看的不一定是最合适的。那么应该如何设计出既好看又合适的图标呢？

　　在设计初期，首先要考虑所设计的图标适用于什么电子设备，需要什么风格以及其他方面的设计要求等。这样才能事半功倍，快速有效地设计出满意的作品。

2 网格

　　在 UI 图标设计中，网格主要是用来提高图标的一致性，让画面看起来整齐有序，而形状和方向是图标的主要结构。如果图标有边框，那么设计时要先画出与图标样式类似的图形，例如，长方形、正方形、三角形、圆形等。

　　但是，注意长方形、正方形以及三角形的边缘要根据网格线来绘制，而圆形图标的圆心是在相应网格线十字交叉的位置，如下图所示。

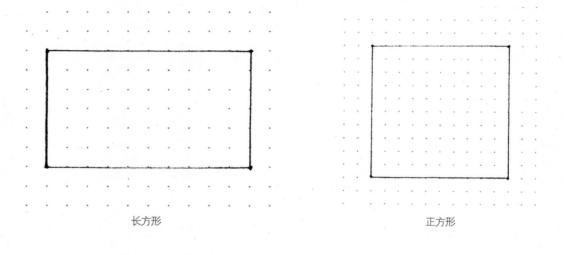

长方形   正方形

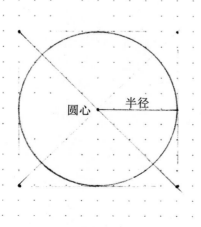
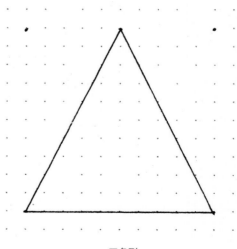

圆形   三角形

3 简单的图形设计

在初步设计阶段，可以从简单的圆形、长方形、正方形等图形开始设计。而花、草、字母等都是适合初步设计的简单元素，并且手稿不用特别精致，如下图所示。

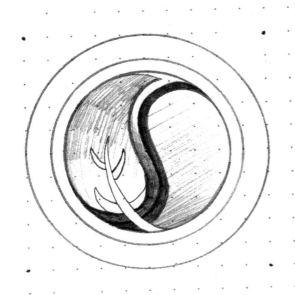 

4 边缘、边角、角度和曲线

要遵循数学规范，手绘时要用尺规作图，确保比例尺寸的准确，相同的元素要一致。曲线、角度等都要使用专业的作图工具进行绘制，例如，曲线板、圆规、量角器等。

5 细节和装饰

UI 图标设计是为了让用户通过图标进行选择，达到沟通的效果，所以细节和装饰性效果的使用要谨慎。如果细节或装饰太多，那么会影响用户的辨识度，产生不良效果。

6 个性、特色

UI 图标设计时可以多参考其他优秀设计的风格、色彩搭配等，但是不可以一味地模仿。要从中汲取优点，在其他领域寻找设计灵感并加以创新，设计出自己专属的风格，达到用户的需求标准。

5.2 图标类型及尺寸要求

图标有不同的类型，常见的有程序图标、工具栏图标、按钮图标，如下图所示。

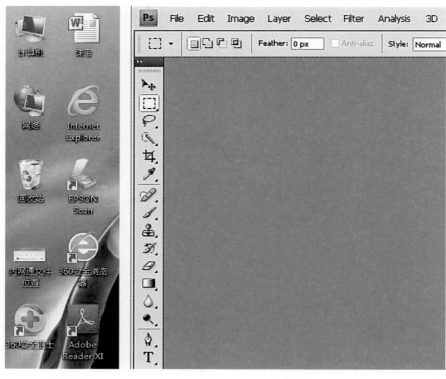

程序图标　　　　　　　　　　　　　　工具栏图标

按钮图标

除此之外，图标还可以根据其他方式进行划分，例如，按照操作系统不同划分，可以分为 Windows 图标和 Macintosh 图标等。

在 Windows XP 系统中，常用的图标有 48×48 像素、32×32 像素、24×24 像素、16×16 像素四种尺寸。在 Mac OS X 中，128×128 像素是最大的图标尺寸，常用的还有 48×48 像素、32×32 像素、16×16 像素。

5.3　图标设计的原则

▌ 易于识别

易于识别是图标设计最重要的部分，它可以让用户更加准确地理解设计所表达的含义，从而做出选择并进行操作，达到图标设计的目的，如下图所示。

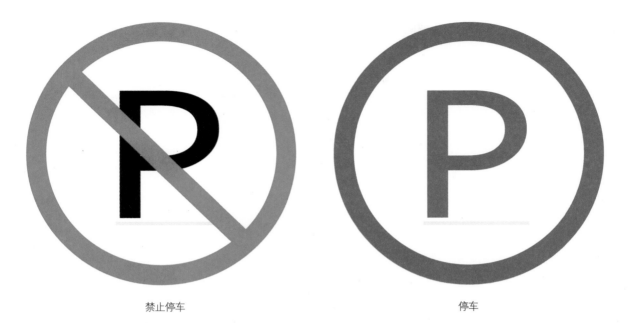

禁止停车   停车

2 合适的图标惯例

　　对于一些熟知的、固定的事物或者完成方式，设计时要尽量使用合适的图标惯例，例如，左指向和右指向的箭头等，这样用户就不会停下来思考，从而提高效率，如下图所示。

　　　　左指向的箭头　　　　　　　　　　　　　　　　右指向的箭头

3 合理的隐喻

　　隐喻是指用一种事物喻指另一种事物，是一种暗示的行为。在图标设计中，对于已经形成惯例的或已经被用户广泛认可的隐喻元素不要轻易更改，例如，放大镜、回收站等。并且在隐喻对象的选择上，注意要与实际的功能以及外形特征相符。

4 联系上下文

　　图标最终是要与其他多种元素搭配组合，并且共同出现供用户使用的，所以不可以孤立，从各方面都要做到与上下文的其他元素相联系，整体要和谐统一。例如，界面设计的风格是森系，那么石头、木头、蘑菇、藤条、花卉等都是很好的图标设计元素。

5 差异性

　　图标设计除了上述的要与其他元素相联系、与上下文的内容相符之外，还必须存在差异性，它是易于识别的重要基础。只有与其他的设计区别开来，才能设计出独有的风格并且有所创新。

5.4　图标设计的目的

　　图标是用户界面中重要的一个组成部分，代表的是真实事物经过抽象或简单化处理后的符号，例如，文件、文件夹、打印等操作的小图片。它是可以用来交互的，其表现方式不仅直观形象，而且易于理解。

　　作为数字技术发展到图形用户界面的产物，图标设计在 UI 设计中占据着较重要的位置。那么图标设计具体有哪些作用呢？接下来对这一问题进行具体分析，概括出图标设计的三大作用。

1 便于搜索和识别，提高工作效率

　　图标具有较强的直观性，例如，图形、图案等。设计时对于图案的选择要与实际内容或设计理念等相符，让用户通过图标就能第一时间领会其中的含义并且做出相应的反应，然后进行快速准确的操作。

2 便于记忆和回想

　　用户看到一个图标就会以图形、文字等多种视觉形式对图标进行记忆，由于视觉是与其他因素联系最为紧密的，所以简单易懂的图形相对来说更加有利于用户的记忆。

3 节约屏幕空间

　　随着科技的发展，手持电子设备的体积越来越小，而功能却越来越强。由于任务操作区域需要保留，所以最好的方式就是图标设计。相对而言，图标表达的意义更多也更丰富，不管是从界面的布局，还是图标的位置和大小，图标设计的优势远远超越了文字的标示。

5.5　UI 图标设计中色彩的应用

　　色彩是人类视觉感知的重要因素，在 UI 图标设计中，色彩的应用不仅可以增强视觉冲击力，而且关系到系统图标的外观。但是设计时要注意色彩的应用，有些色彩的使用要谨慎，接下来对 Mac OS X 图标设计标准的 256 色调色板进行展示，如右图所示。

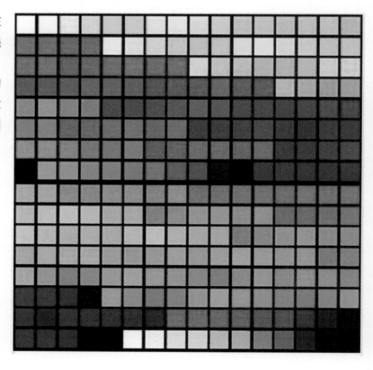

电脑桌面图标色彩要柔和，图标颜色不要太鲜艳，不要给人杂乱的感觉。并且颜色的应用种类不要过多，要注意整体外观的和谐统一。

图标需要和色彩一起向用户表达设计理念，这样可以让设计理念表达得更加充分。还可以展示出设计师的魅力以及专业素养。

为了让大家更直观地理解，接下来对黑白线条图标与彩色图标的对比效果进行举例，如下图所示。

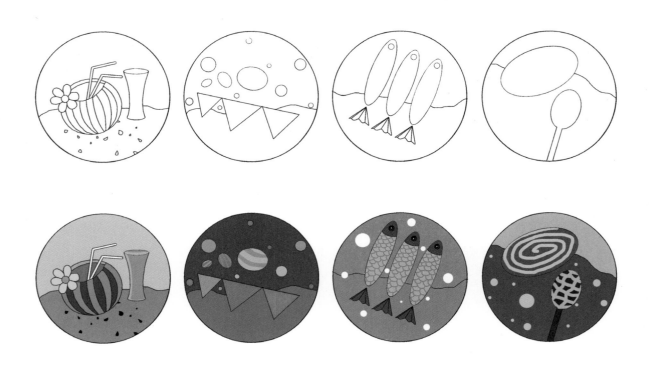

5.6 系列图标设计

所谓系列图标，是指在风格、尺寸、格式、色彩、字体、形状等方面尽量一致的基础上设计的整套图标。系列图标一般由多个组成，它们的设计主题相同，下面对常见的系列图标设计进行举例。

范例 1：圣诞主题系列图标设计

范例 2：纯色系列图标设计

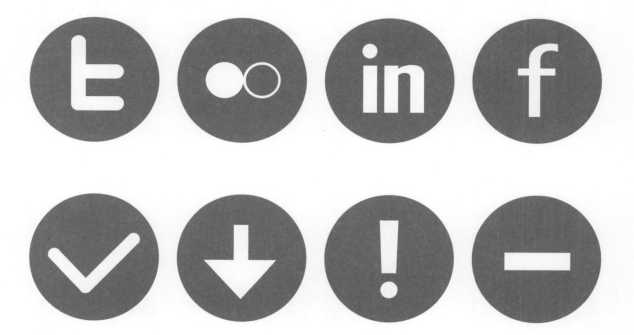

范例 3：花草系列图标设计

范例 4：纯色条纹图案系列图标设计

5.7 常用图标设计

　　一般情况下，常用图标是指操作系统提前设定好的，并且供用户访问的常用功能或程序的图标，例如，计算机磁盘图标、系统设置图标等。常用图标的类型较多，根据用途、环境以及设备的不同，常用图标设计也不相同。

　　接下来对常用的网页图标设计、电脑图标设计、微信图标设计、手游图标设计以及商业 Logo 图标设计手绘表现进行讲解。

5.7.1 网页图标设计手绘表现

01. 用圆规画几个大小一致的圆形，确定画面的布局。

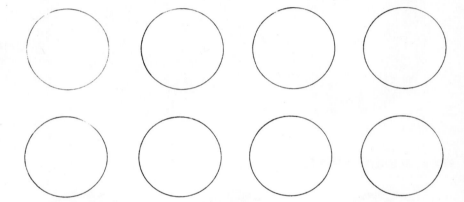

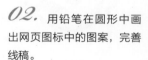

02. 用铅笔在圆形中画出网页图标中的图案，完善线稿。

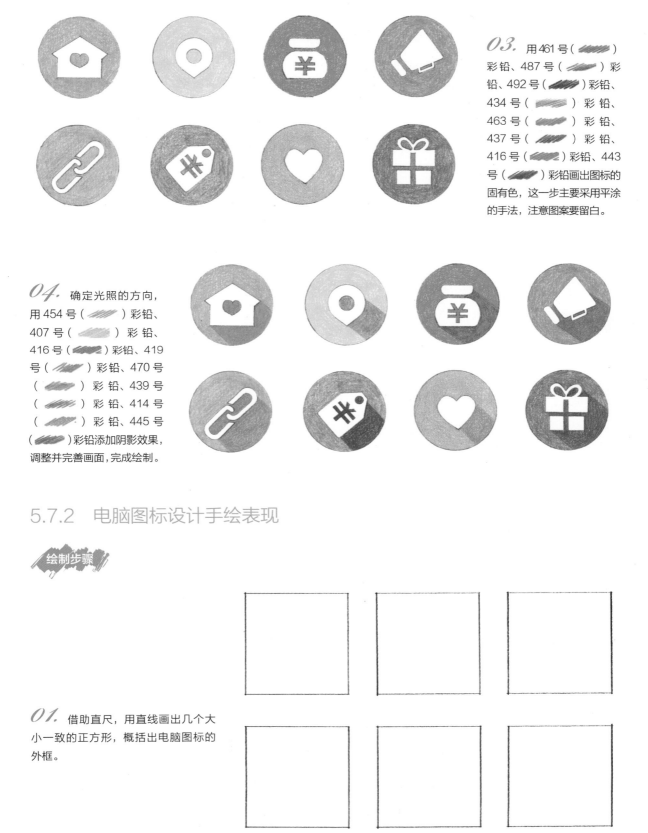

03. 用 461 号（   ）彩铅、487 号（   ）彩铅、492 号（   ）彩铅、434 号（   ）彩铅、463 号（   ）彩铅、437 号（   ）彩铅、416 号（   ）彩铅、443 号（   ）彩铅画出图标的固有色，这一步主要采用平涂的手法，注意图案要留白。

04. 确定光照的方向，用 454 号（   ）彩铅、407 号（   ）彩铅、416 号（   ）彩铅、419 号（   ）彩铅、470 号（   ）彩铅、439 号（   ）彩铅、414 号（   ）彩铅、445 号（   ）彩铅添加阴影效果，调整并完善画面，完成绘制。

5.7.2 电脑图标设计手绘表现

绘制步骤

01. 借助直尺，用直线画出几个大小一致的正方形，概括出电脑图标的外框。

02. 根据透视关系，用铅笔在正方形外框内画出电脑图标的轮廓，并添加局部细节，注意结构要交代清楚。

03. 从局部入手，用404号（　　）彩铅、470号（　　）彩铅、451号（　　）彩铅、495号（　　）彩铅铺第一遍颜色。

04. 继续上色，用461号（　　）彩铅、454号（　　）彩铅、447号（　　）彩铅画出图形剩余部分的颜色。

05. 深入刻画局部细节，用 483 号
（）彩铅、499 号（）彩
铅添加暗部并刻画投影，加强颜色明暗
对比关系，凸显体积感、空间感。调整
好轮廓线，完成绘制。

5.7.3　微信图标设计手绘表现

01. 借助直尺，用直线概括画出微
信图标的外框，这里用正方形概括处理。

 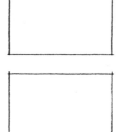 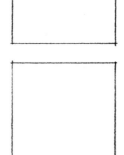

02. 在上一步的基础上，用铅笔画
出微信图标的造型，注意把握好外形
特征。

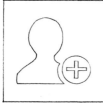  

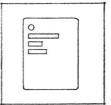

03. 用 414 号（）彩铅、466 号（）彩铅、445 号（）彩铅画出第一排图标背景的颜色，注意用力要均匀，尽量不要让颜色超出轮廓。

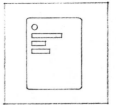

04. 根据上一步的方法，继续为第二排的微信图标上色。调整并完善画面，完成绘制。

5.7.4　手游图标设计手绘表现

绘制步骤

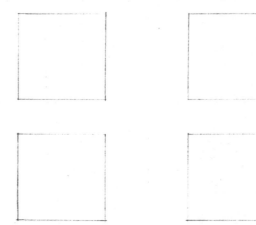

01. 借助直尺，用直线画出四个大小一致的正方形，概括出手游图标的外框。

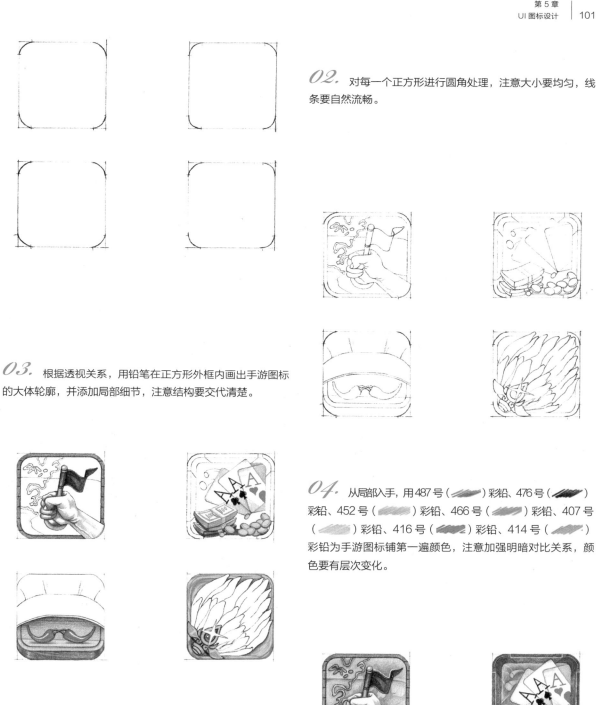

02. 对每一个正方形进行圆角处理，注意大小要均匀，线条要自然流畅。

03. 根据透视关系，用铅笔在正方形外框内画出手游图标的大体轮廓，并添加局部细节，注意结构要交代清楚。

04. 从局部入手，用487号（）彩铅、476号（ ）彩铅、452号（ ）彩铅、466号（ ）彩铅、407号（ ）彩铅、416号（ ）彩铅、414号（ ）彩铅为手游图标铺第一遍颜色，注意加强明暗对比关系，颜色要有层次变化。

05. 用454号（ ）彩铅、461号（ ）彩铅、444号（ ）彩铅、492号（ ）彩铅、447号（ ）彩铅、445号（ ）彩铅刻画剩余部分的颜色，注意颜色的搭配要合理。调整并完善画面，完成绘制。

5.7.5　商业 Logo 图标设计手绘表现

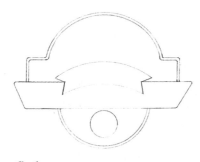

01. 用铅笔画出商业 Logo 图标大体的形状，确定画面的构图，注意把握好外形特征。

02. 深入刻画局部细节，添加文字、人物形象、装饰叶片等，完善线稿。

03. 用 409 号（　　　）彩铅、404 号（　　　）彩铅画出图标的亮色。

04. 用 466 号（　　　）彩铅、459 号（　　　）彩铅画出剩余部分背景的颜色，注意局部细节的刻画。

05. 用 483 号（　　　）彩铅、478 号（　　　）彩铅、499 号（　　　）彩铅为人物形象上色，注意不要铺得太满，适当留白表现透气感。

06. 用 459 号（　　　）彩铅刻画文字信息等，调整并完善细节刻画，完成绘制。

5.8　扁平化图标设计

　　学了常用图标设计之后，接下来对什么是扁平化设计，扁平化图标设计理念和特点，扁平化设计中色彩的应用，扁平化图标设计手绘表现以及扁平化风格手机主题界面设计实例进行讲解。

5.8.1　什么是扁平化设计

　　扁平化设计就是指摒弃高光和阴影等能造成透视感、空间感的效果，采用抽象、简化等设计方法和符号等设计元素来表现图标。

| 阴影 | 立体 | 描边 | 贴图 | 高光 | 平涂 |

扁平化在手机上的应用较多，按钮和选项少，使界面看起来干净整齐，用起来简洁方便。它在移动系统上不仅界面美观，而且可以降低功耗，延长待机时间和提高运算速度等。还有就是扁平化图标设计条理清晰，有很好的适应性。生活中有很多扁平化设计作品，例如，苹果手机图标，线条的采用棱角分明，颜色对比鲜明。

5.8.2 扁平化图标设计理念及特点

扁平化设计不仅漂亮清新，设计时比较快速，而且也更加容易被接受。但是，想要设计出好的扁平化图标，需要一定的设计技巧，下面对具体设计技巧进行分析。

1 简单的设计元素

扁平化设计元素一般都很简单，元素的边界都很干净利落，没有羽化、渐变、阴影等特殊效果。

2 强调字体的使用

字体是扁平化设计排版中很重要的组成部分，它需要与其他元素很好地配合，在特殊情景下产生不一样的效果。但是，字体不要使用过多，生僻的字体也不要使用。

3 关注色彩

配色是扁平化图标设计中最重要的部分，在设计过程中常常采用明亮、绚丽的颜色，色彩的使用一般是 6~8 种颜色，较为常用的颜色有浅橙色、绿色和蓝色等。

复杂

简单

4 简化的交互设计

扁平化图标设计时需要适当简化，不要画蛇添足添加不必要的元素，尽量选择简单的图案来进行设计。

5 伪扁平化设计

扁平化设计主要是在功能上简化并重组，而不只是把立体的设计效果压扁，例如，天气方面的应用采用温度计的形式来展示气温等。

6 贴切的图标

在设计图标时，使用的元素要与其功能相对应或者有着密切的联系，不能是模糊或寓意不清的元素，要使用一些比较常用、通用的元素来进行扁平化图标设计。

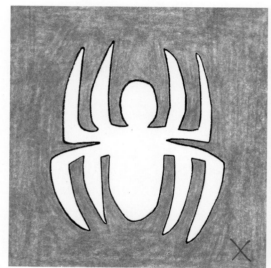
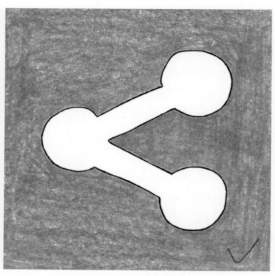

含义不明确，不通用   广为人知，通用

7 圆角的使用

圆角设计是产品设计中设计师常用的人性化设计，可以避免对使用者造成伤害。同理，在扁平化图标设计中，圆角图案的使用可以给人以亲切的感觉，让使用者也更加容易接受，满足并符合了人们的心理需求。

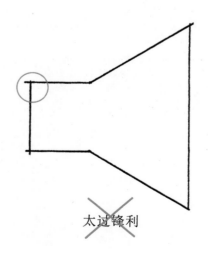
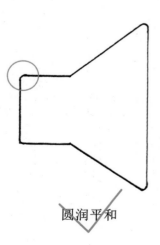

太过锋利   圆润平和

5.8.3 扁平化设计中色彩的应用

颜色是扁平化设计的重要组成部分，设计时需要对色彩的醒目程度、单色或彩色、明暗关系等进行研究分析，扁平化设计中一般采用多种配色手法综合运用。色彩明亮醒目可以增加视觉元素的趣味性，可以给人时尚的感觉，在扁平化设计中需要对色彩的饱和度、深浅、明暗等搭配多加尝试，注意整体色调要协调，颜色要具有生气。

扁平化设计不只是限制在某一种色彩基调上，而是可以采用任何色彩进行设计，但是大部分设计师都比较喜欢采用鲜艳、出人意料的颜色，用色比较大胆。

扁平化设计一般都有其特定的设计原则，例如，采用纯色、同类色（单色调）等。鲜亮的纯色扁平化设计可以给人一种独特的感觉，可以与明亮的对比色或灰暗的背景形成对比关系，增强视觉冲击力，纯色也是扁平化设计中最受欢迎的色彩，例如，宝蓝色、草绿色、橘黄色、紫色等。

同类色也就是单色调，在扁平化设计中也正迅速形成一种流行趋势，例如，单一颜色搭配黑色或者白色。而蓝色、灰色、绿色是最受欢迎的色彩，也可以采用黑色搭配红色等。

但是，在扁平化设计中，色彩的选择应该根据设计作品来定，色彩与设计之间需要互相匹配，这样才能正确地引导用户有效地使用设计出的作品，并且在整个过程中，用户的心情是愉悦的。

5.8.4　扁平化图标设计手绘表现

前面介绍了扁平化图标设计的基础知识，接下来对线条扁平化图标设计、圆形扁平化图标设计、方形扁平化图标设计、圆角矩形扁平化图标设计、扁平化组合图标设计以及纯色扁平化图标设计的绘制进行讲解。

■　线条扁平化图标设计

绘制步骤

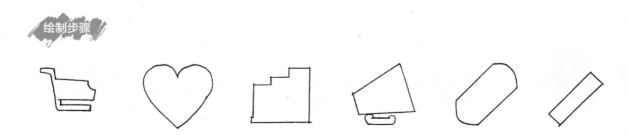

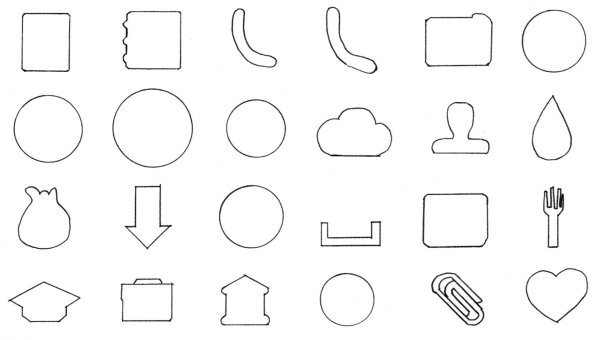

01. 用铅笔画出扁平化图标的大体轮廓，注意把握好外形特征，线条要自然流畅，一步到位，不要反复修改。

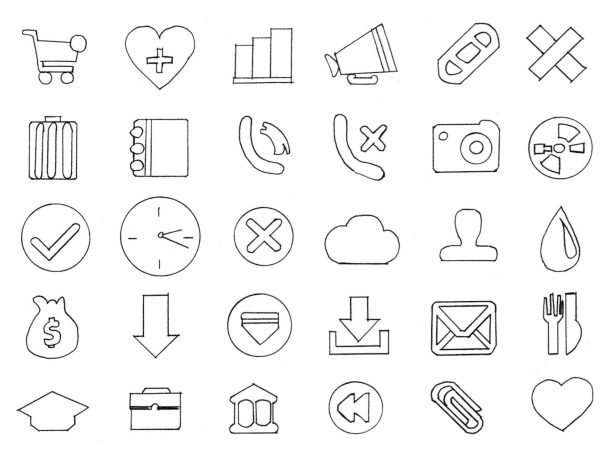

02. 添加并完善局部细节的刻画，确定扁平化图标的结构和造型，完成线条扁平化图标的绘制。

2 圆形扁平化图标设计

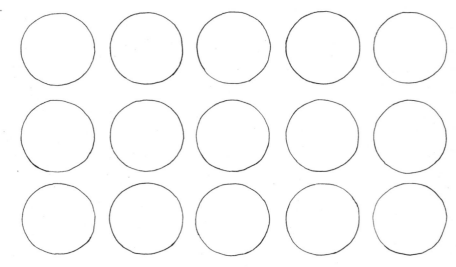

01. 用圆弧线画出圆形扁平化图标的外轮廓，确定画面的构图，注意画面的排列要整齐、美观，图标的大小要均匀一致。

02. 用轻松的线条画出图标的结构和具体造型，例如，小花、汽车、食物等，注意设计元素的形状要适当简化，概括处理。

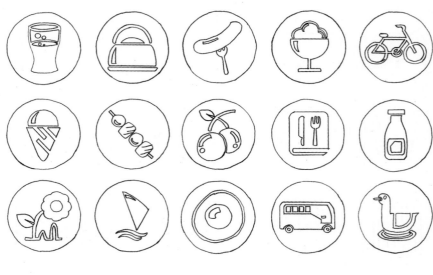

03. 用 443 号（ ）彩铅、466 号（ ）彩铅、414 号（ ）彩铅、427 号（ ）彩铅、473 号（ ）彩铅、439 号（ ）彩铅、459 号（ ）彩铅等画出圆形扁平化图标背景的颜色，注意颜色的冷暖搭配要合理，颜色要鲜艳明亮。

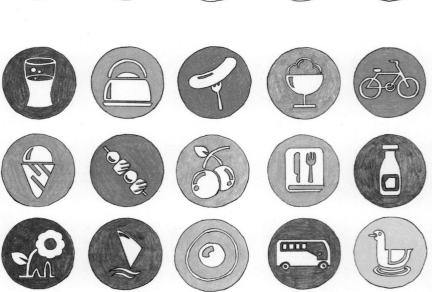

3 方形扁平化图标设计

绘制步骤

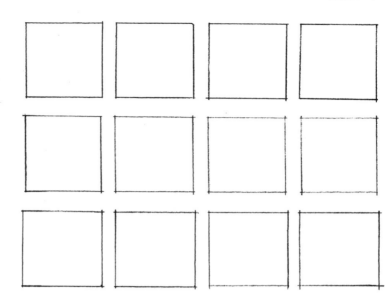

01. 用直线画出方形扁平化图标的外轮廓，确定画面的构图，注意画面的排列要整齐、美观。

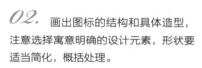 *02.* 画出图标的结构和具体造型，注意选择寓意明确的设计元素，形状要适当简化，概括处理。

03. 用 429 号（　）彩铅、461 号（　）彩铅、416 号（　）彩铅、434 号（　）彩铅、407 号（　）彩铅为方形扁平化图标上色，设计元素采用留白的手法来处理。

4　圆角矩形扁平化图标设计

01. 用直线画出圆角矩形扁平化图标的外轮廓，确定画面的构图，注意圆角的处理，画面的排列要整齐、美观。

02. 添加并完善局部细节的刻画，确定图标的结构和造型，注意设计元素的选择并适当简化。

03. 用 466 号（　）彩铅、439 号（　）彩铅、416 号（　）彩铅、445 号（　）彩铅、459 号（　）彩铅、429 号（　）彩铅为圆角矩形扁平化图标上色，注意颜色的冷暖搭配，用力要均匀。

5 扁平化组合图标设计

组合图标设计制图一般分为两个步骤。

（1）用铅笔画出组合图标的轮廓，确定造型。

（2）用 451 号（）彩铅、418 号（）彩铅为组合图标上色，注意颜色的冷暖搭配。

下面对组合图标的两种方案进行展示。

绘制步骤

方案 1

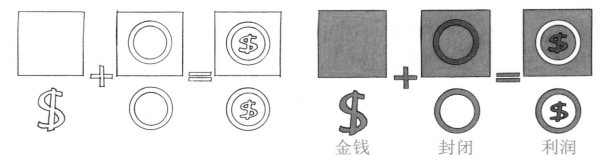

方案 2

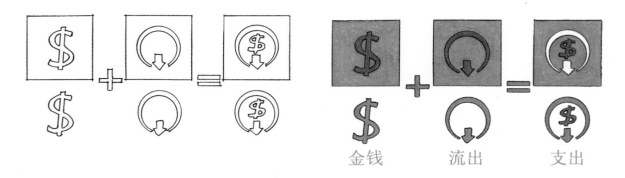

6 纯色有框扁平化图标设计

绘制步骤

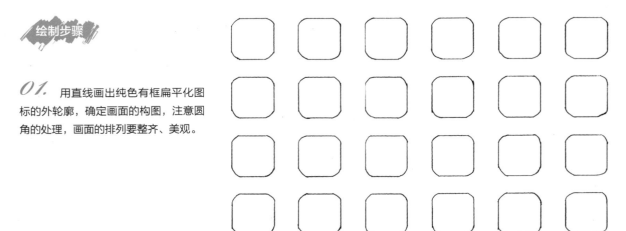

01. 用直线画出纯色有框扁平化图标的外轮廓，确定画面的构图，注意圆角的处理，画面的排列要整齐、美观。

02. 添加并完善局部细节的刻画，确定图标的结构和造型。

03. 用 461 号（ ）彩铅画出纯色有框扁平化图标的颜色，注意尽量不要让颜色超出轮廓线。

7 纯色无框扁平化图标设计

绘制步骤

01. 用轻松随意的线条画出扁平化图标的造型，注意把握好外形特征，结构要简练。

02. 用 461 号（⬛）彩铅画出绿色背景的颜色，完成纯色无框扁平化图标设计。

5.8.5　扁平化风格手机主题界面设计真题分析

1　题目要求

以"大海"为题，设计一套扁平化风格手机主题界面。

2　题目解析

交互设计类考题考查的内容都是视觉传达领域较新的知识内容，需要考生很好地掌握基础知识点。随着科技的进步，数码类产品的功能日益强大并且越来越普及，主题界面设计等类似考题出现的频率越来越高，而扁平化风格手机主题界面设计是较为典型的考题类型之一。

3　设计构思

在本设计中，主要采用蓝色背景、浪花等元素来体现主题"大海"，并在具体的图标设计时融入小鱼、船上零部件等与主题相呼应。

01. 用直线画出手机主题界面的大体形状，确定画面的构图，注意把握好长、宽比例关系。

02. 用曲线画出波浪、浪花来划分主题界面的功能区域，用圆弧线和直线画出左边部分主要造型的轮廓。

03. 添加并完善局部细节的刻画，在相应位置画出手机主
题界面主要配置按钮的轮廓。

04. 根据比例关系，用铅笔画出主题界面功能图标的轮廓，
并添加显示时间，丰富画面的内容。

05. 用 445 号（ ）彩铅画出手机主题界面主要背景
的颜色，注意尽量不要让颜色超出轮廓。

06. 用 407 号（ ）彩铅、444 号（ ）彩铅
画出剩余部分背景的颜色。

07. 用 487 号（ ）彩铅为左下角圆形造型上色，注
意颜色的明暗对比关系。

08. 用 430 号（ ）彩铅、466 号（ ）彩铅、
434 号（ ）彩铅、416 号（ ）彩铅、407 号（ ）
彩铅画出右边部分功能图标的颜色。注意颜色的冷暖搭配要
合理，画面不要铺得太满，适当留白表现透气感。

09. 为画面添加文字说明，调整并完善画面，完成绘制。

5.8.6 扁平化风格主题公园海报设计真题分析

1 题目要求

以"海洋"为题，设计一张扁平化风格的主题公园海报。

2 题目解析

主题公园在中国的发展历史有 20 多年，它是 20 世纪人类最伟大的发明之一。由于经济逐渐崛起，城市化趋势逐渐加快，所以旅游休闲类的主题公园慢慢成为了人们主要的消费对象。

在中国同类行业中，主题公园占据着中国巨大的市场。而 UI 主题海报设计则是主题公园开发商后期宣传以及营销的重要部分。

3 设计构思

在本设计中，主要采用小鱼、珊瑚、海藻、气泡等元素来体现主题"海洋"，并在具体的设计中融入做拍照动作的人物，与主题公园相呼应，营造出休闲出游的画面。

01. 根据比例关系，用直线画出海报的基本造型，这里用一个长方形概括处理。

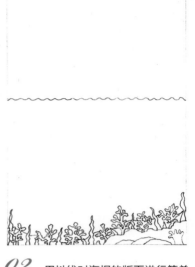

02. 用抖线对海报的版面进行简单划分，并画出底部珊瑚群造型的轮廓。

03. 根据设计风格，继续勾勒出主题海报的标题文字部分，并在标题的右下角画出人物形象。

04. 用铅笔画出小鱼和气泡的轮廓，注意分布位置，要有角度、大小变化。

05. 进一步调整线稿，完善海报的造型。

06. 用 470 号（ ）彩铅、447 号（ ）彩铅为背景铺色。

07. 用 445 号（ ）彩铅刻画标题背景以及海底山丘的颜色。

08. 用 437 号（）彩铅、
407 号（　　）彩铅、427 号（　　）
彩铅刻画小鱼的颜色，注意色彩的搭配。

09. 用 429 号（　　）彩铅画出
粉色气泡的颜色，用 437 号（　　）
彩铅、495 号（　　）彩铅、430 号
（　　）彩铅、476 号（　　）
彩铅刻画人物形象的颜色，用 419 号
（　　）彩铅、473 号（　　）彩铅、
459 号（　　）彩铅为珊瑚群上色。

10. 用 414 号（　　）彩铅、
437 号（　　）彩铅画出剩余气泡
等物体的颜色，调整并完善画面，完成
绘制。

5.9　风格图标设计

　　图标设计的风格有很多，常见的有简约、经典、复古、透明、折纸、卡通、陶瓷、写实、渐变、MBE 等。
设计风格因历史背景、用户需要、市场导向等因素产生变化是一种发展趋势，它需要紧跟时代的潮流进行多元化、
人性化、娱乐化、科技化的创新。

　　除此之外，描边风格图标设计也正在流行，而描边是指图形外围绕着深色描线，并且描线与图形不要完全重合，
可以有错位感。描边的线条可以是封闭的也可以是断开的，色彩搭配比较丰富，用色大胆，绘制效果常常给人可爱、
萌萌的感觉，如下图所示。

5.9.1 透明风格图标设计手绘表现

绘制步骤

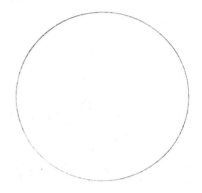

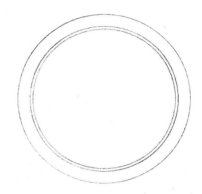

01. 用圆规画一个适当大小的圆形。

02. 在上一步的基础上，继续用圆规画出较小的圆形，表现出图标的厚度。

03. 用 404 号（）彩铅画出图标最外层边框的固有色。

04. 用 483 号（　　　）彩铅、478 号（　　　）彩铅加深画面的暗部，加强颜色明暗对比，刻画体积感。

05. 用 447 号（　　　）彩铅画出中间部分透明玻璃材质的基本色，注意划分出受光面以及反光面。

06. 用 451 号（　　　）彩铅、443 号（　　　）彩铅加强明暗交界线，注意颜色的过渡要自然。

07. 用 454 号（　　　）彩铅、419 号（　　　）彩铅调整并丰富画面的颜色。

08. 用 478 号（　　　）彩铅、487 号（　　　）彩铅、476 号（　　　）彩铅刻画投影并完善画面，完成绘制。

5.9.2　折纸风格图标设计手绘表现

01.　用直线画出折纸风格图标的外形，这里用大小一致的正方形概括处理。

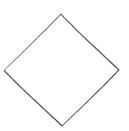 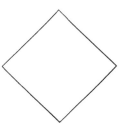 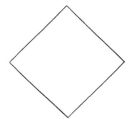

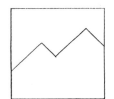 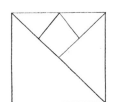 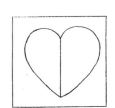

02.　在上一步的基础上，用铅笔勾勒出折纸风格图标的内部造型。

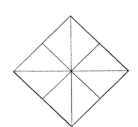 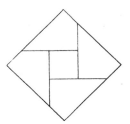 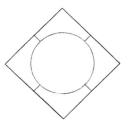

03.　用 418 号（　　）彩 铅、429 号（　　）彩铅为画面铺第一遍颜色。

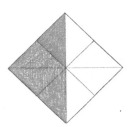 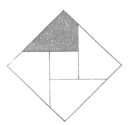 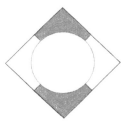

04. 用409号（）彩铅、470号（）彩铅、459号（）彩铅画出第一排图标剩余部分的颜色。

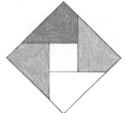
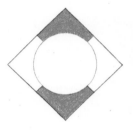

05. 继续上色，用437号（）彩铅、434号（）彩铅、425号（）彩铅刻画第二排图标的颜色，注意折痕部分的轮廓线要适当加重。

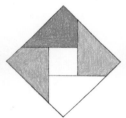

06. 用466号（）彩铅、447号（）彩铅调整并完善画面的颜色，完成绘制。

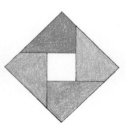

5.9.3　卡通风格网页主题图标设计真题分析

1 题目要求

　　以"蚂蚁"为题，设计一套卡通风格网页主题图标。

2 题目解析

　　在本设计中，以"小蚂蚁"的形象为主要设计元素，并在具体的设计中融入小蚂蚁的不同动态，营造出可爱的、萌萌的感觉。

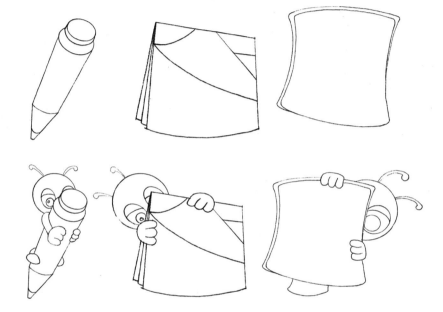

01. 根据透视关系，用铅笔勾勒出网页图标主体部分的造型，注意结构要交代清楚。

02. 在上一步的基础上，根据小蚂蚁形象的不同动态，用铅笔画出蚂蚁的轮廓，注意物体之间的前后遮挡关系。

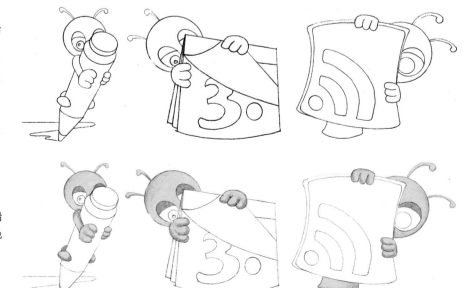

03. 继续添加局部细节的刻画，完善线稿。

04. 用 407 号（　　）彩铅、483 号（　　）彩铅为蚂蚁形象上色，注意颜色的明暗对比。

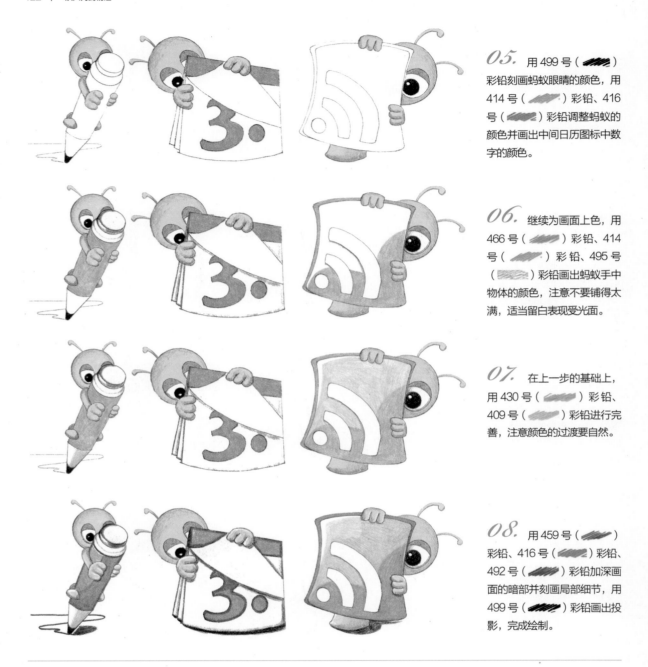

05. 用 499 号（▬▬）彩铅刻画蚂蚁眼睛的颜色，用 414 号（▬▬）彩铅、416 号（▬▬）彩铅调整蚂蚁的颜色并画出中间日历图标中数字的颜色。

06. 继续为画面上色，用 466 号（▬▬）彩铅、414 号（▬▬）彩铅、495 号（▬▬）彩铅画出蚂蚁手中物体的颜色，注意不要铺得太满，适当留白表现受光面。

07. 在上一步的基础上，用 430 号（▬▬）彩铅、409 号（▬▬）彩铅进行完善，注意颜色的过渡要自然。

08. 用 459 号（▬▬）彩铅、416 号（▬▬）彩铅、492 号（▬▬）彩铅加深画面的暗部并刻画局部细节，用 499 号（▬▬）彩铅画出投影，完成绘制。

5.9.4　手机 App 购物主题图标设计真题分析

1 题目要求

以"购物"为题，设计一套手机 App 主题界面的图标。

2 题目解析

随着互联网的快速发展，手机上的 App 越来越多，种类越来越丰富，例如，软件管理 App、游戏 App 等。除此之外，人们生活中不可或缺的一部分就是网上购物，电商在手机上的应用逐渐流行，使得购物 App 成为年轻人装机必不可少的一项内容，基本上它可以满足我们所有的购物需求，让我们轻松购物、移动购物。

3 设计构思

在本设计中，主要体现购物促销、打折的主题，具体的设计中融入女性人物、植物、文字等与主题相呼应。

绘制步骤

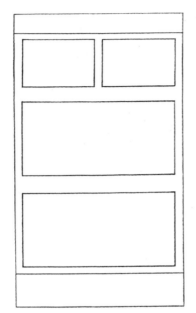

01. 　根据比例关系，用直线画出手机 App 购物主题界面的基本造型，这里用一个长方形概括处理。

02. 　在上一步的基础上，用直线初步划分界面的内部格局。

03. 　根据透视关系，用铅笔画出不同动态人物的轮廓，用直线和抖线画出下面一个方框内的景物，如盆栽、圆桌等。

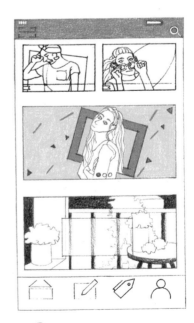

04. 　继续画出每个方框内背景的造型。

05. 　在最上面和最下面的区域画出手机 App 界面中的图标，完善线稿。

06. 　用 418 号（　　）彩铅、407 号（　　）彩铅、480 号（　　）彩铅铺第一遍颜色，注意尽量不要让颜色超出轮廓线。

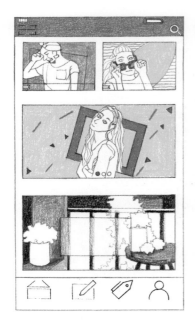  

07. 用 461 号（）彩铅、478 号（）彩铅、487 号（）彩铅、419 号（）彩铅继续刻画方框内的背景颜色。

08. 用 476 号（）彩铅、430 号（）彩铅、409 号（）彩铅、434 号（）彩铅、445 号（）彩铅刻画人物的颜色，注意颜色的合理搭配。

09. 用 459 号（）彩铅、466 号（）彩铅、437 号（）彩铅、425 号（）彩铅、445 号（）彩铅刻画盆栽等剩余部分物体的颜色。

10. 用 418 号（）彩铅、499 号（）彩铅沿着铅笔稿的线条准确绘制出最下面线性图标的轮廓，添加文字信息等局部细节刻画，完成绘制。

5.10 立体图标设计

可以让人从画面中感觉到立体效果的平面图就是三维立体图，而立体图标是指有透视、有阴影、有虚实、有明暗对比的非扁平化的三维立体图标。它一般可以表现出物体的三个方向的形状，如正面、顶面、侧面，如下图所示。

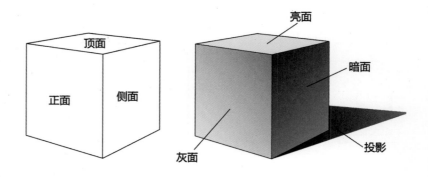

立体图标设计表现的纵深感较强，可以给人强烈的视觉冲击。接下来对常见的立体图标设计进行举例。

5.10.1　立体图标设计手绘表现

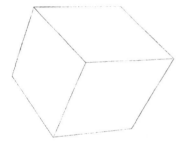

01.　根据三点透视的原理，用直线画一个三点透视的立体方块。

02.　在上一步的基础上，继续画出立体图标的内部造型，注意结构要交代清楚。

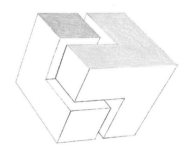

03.　用 407 号（　）彩铅、470 号（　）彩铅画出立体图标顶面的颜色。

04.　用 466 号（　）彩铅、483号（　）彩铅画出正面和侧面的颜色，注意颜色的明暗对比关系。

05.　用 487 号（　）彩铅、473号（　）彩铅画出立体图标凹凸部分的颜色，并适当加重转折处的明暗交界线。

06.　用 476 号（　）彩铅画出投影，调整并完善画面，完成绘制。

5.10.2 饮食类主题系列立体图标设计真题分析

1 题目要求

以"水果"为题,设计一套饮食类系列化立体图标。

2 题目解析

饮食类图标的种类很多,例如,美味零食图标、西餐饮食图标、中餐饮食图标、蔬菜图标、水果图标等。它们往往都是成系列的、一整套的,可以是扁平化的,也可以是立体的,各有特色。

3 设计构思

在本设计中,主要采用香蕉、梨子、火龙果、椰子、橘子、蓝莓等元素来体现主题"水果",并在具体的图标设计时融入电话听筒、加减乘除符号等体现图标设计的理念。

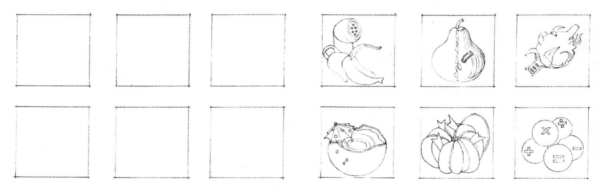

01. 借助直尺,用直线画出几个大小一致的正方形,概括出饮食类立体图标的外框。

02. 在正方形的方框内画出香蕉、梨子、橘子等水果造型的轮廓,注意这一步要尽量画得细致。

03. 用 407 号( )彩铅、470 号( )彩铅、419 号( )彩铅、478 号( )彩铅、409 号( )彩铅、439 号( )彩铅铺第一遍颜色,画出水果元素的固有色。

04. 继续上色,用 483 号( )彩铅、466 号( )彩铅、429 号( )彩铅、476 号( )彩铅、414 号( )彩铅、444 号( )彩铅加深画面的暗部,加强颜色明暗对比,注意颜色过渡要自然。

05. 用 414 号（　　　）彩铅、473 号（　　　）彩铅、466 号（　　　）彩铅、425 号（　　　）彩铅、444 号（　　　）彩铅、476 号（　　　）彩铅画出剩余部分的颜色，注意颜色搭配要和谐统一。

06. 用 499 号（　　　）彩铅画出投影，使画面看起来更稳，立体感更强。调整并完善画面的细节，完成绘制。

颜色要有明暗变化，过渡要自然，注意透视以及线条的叠压关系要准确。

绘制蓝莓元素立体图标时，注意球体体积感的表现，要注意受光面和反光的表达。

上色时，画面不要铺得太满，适当留白表现受光面。

学习了水果系列化立体图标设计手绘表现之后，接下来对常见的饮食类系列化图标设计进行举例，如下图所示。

5.10.3　手机主题立体图标设计真题分析

1 题目要求

以"木材"为题，设计一套手机主题界面立体图标。

2 题目解析

手机主题程序由很多图片组成，它不仅可以让用户选择自己喜欢的待机图片、屏幕保护程序、操作界面以及图标等，而且可以方便快捷地对手机进行个性化设置。手机主题因手机品牌的不同而不同，它们一般是不通用的，用户需要根据自己手机的型号选择合适的手机主题。

3 设计构思

在本设计中，主要采用木质纹理、自然木色等元素来体现主题"木材"，并在具体的图标设计时，把木块融入图标设计中与主题相呼应。

01. 根据比例关系，用直线画出手机主题界面的基本造型，这里用一个长方形概括处理。

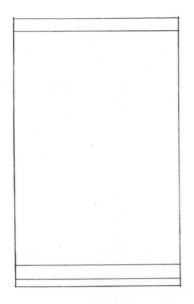

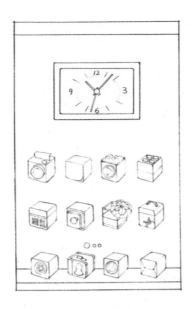

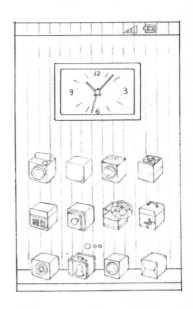

02. 用直线初步划分界面的内部格局。

03. 用铅笔勾勒出界面中图标造型的轮廓，注意细节刻画要到位。

04. 用直线画出背景的纹理以及剩余部分的轮廓，完善线稿。

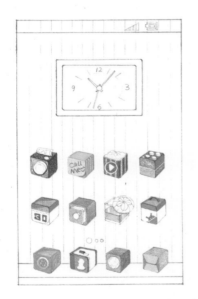

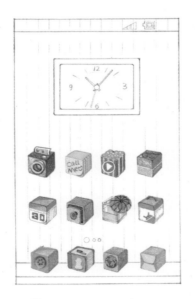

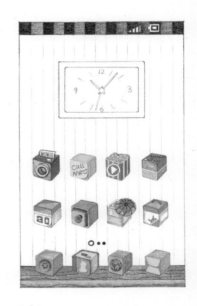

05. 从局部入手，用439号（ ▨ ）彩铅、437号（ ▨ ）彩铅、466号（ ▨ ）彩铅、445号（ ▨ ）彩铅、416号（ ▨ ）彩铅为图标铺第一遍颜色，注意颜色的冷暖搭配要合理。

06. 用478号（ ▨ ）彩铅、495号（ ▨ ）彩铅、487号（ ▨ ）彩铅继续刻画图标的颜色。

07. 用480号（ ▨ ）彩铅、478号（ ▨ ）彩铅画出木头材质的肌理效果。

08. 用 407 号（ ）彩铅、452 号（ ）彩铅为背景铺色。

09. 用 476 号（ ）彩铅画出图标的投影，用 495 号（ ）彩铅为时钟上色，注意不要铺得太满，画出时钟的暗部、指针以及投影即可。

10. 添加文字信息，调整并完善画面的细节刻画，完成绘制。

　　绘制手机主题界面中的图标时，要注意把握好外形特征，结构要交代清楚，颜色要有明暗对比关系，凸显体积感。下图是局部细节刻画放大图。

相机

日历

天气

复习思考题

❶ 电钻机扁平化图标设计。

❷ 糖果播放器图标设计。

❸ 写实相机图标设计。

❹ 复古收音机图标设计。

❺ 写实日历图标设计。

❻ 月饼立体图标设计。

❼ 邮戳图标设计。

第 6 章

网站 UI 设计

本章主要介绍什么是网站 UI 设计，网站 UI 设计流程，网站 UI 设计相关规范，字体设计与变形，网站 UI 布局设计技巧以及网站 UI 设计范例。

6.1　什么是网站 UI 设计

网站 UI 设计可以归纳到视觉传达设计领域，它可以通过页面设计来实现信息的传达，一般都采用图片和文字相结合的形式，色彩、字体、图片等都是可以美化页面设计的常用元素。

随着时代的发展，网站 UI 设计也逐渐产生变化，主题的鲜明、形式和内容的统一以及整体性都是网站 UI 设计不断追求的目标。网页从形式上可以分为资讯类、形象类以及资讯和形象相结合三种类型，了解网页的类型及其特点是设计的基础。这样才能设计出内容丰富、排版合理、色调舒适，并且可以长期吸引用户使用的优秀网站 UI。

6.2　网站 UI 设计流程

网站 UI 设计的工作范围是新手或者初入职场的小伙伴应该搞清楚的一个重要问题，那么网站 UI 设计的流程到底是怎样的呢？接下来将对网站 UI 设计的基础以及要点进行分析。

第一，产品经理会给出一个产品需求，这时候我们应该对产品的方向、用户群体、用户群体的特征等进行大致的分析，确定主题。

第二，要对已经定义好的目标用户群体和用户群体的特征进行深入分析，例如，年龄、性别、习惯和爱好等，然后针对性地设计出大概的色彩搭配，确定元素的运用，理清设计思路。

第三，把产品需求和分析结果结合起来，进行初稿的版式设计，例如，框架布局、图标等。

第四，对颜色、字体、字号等视觉效果进行规范设计，让整体看起来更加和谐统一。对齐整性、间距、线条像素、阴影等细节进行优化设计。

第五，设计交互图，跟工程师交流沟通，准确、快捷地实现设计效果。

第六，整个产品做各种体验，并根据体验效果进行商讨、改善。

除此之外，还应该继续关注并跟进产品，收集用户体验数据，为下期的改版做准备等。

6.3　网站 UI 设计相关规范

随着网站的普及，构建网站逐渐成为一件越来越容易的事儿，并且有很多模版可以套用，省时省力。这种建站方式虽然很方便，但是会出现很多问题，例如，大部分网页设计得雷同，用户使用不便等。怎样才能方便用户体验呢？设计师通过实际经验进行研究和分析之后，总结了一些实用的网站 UI 设计相关规范和原则等，接下来将进行具体介绍。

首先，淡蓝色这一主流的网页色调过于大众化，常常会打消用户深入访问的积极性。我们在设计过程中应该大胆尝试新的色调，选择符合主题并且具有个性的色调，让用户对网页的印象更加深刻，明确设计的主题。

其次，网页的设计不要太华丽，应该考虑整体效果，UI 布局要化繁为简，形式要简洁大方。

最后，网站栏目的分配要有轻重之分，最重要的部分可以让用户第一时间看到重点信息。整体界面要保持一致，避免给用户带来混乱的感觉。

6.4　字体设计与变形

文字是记录和传达语言的符号，它和图形在设计领域都起着重要的作用。字体设计的练习既可以激发创意思维，又可以提高思维能力，还可以提升网页设计的表现力。

在设计过程中，要把字体和图形巧妙地结合起来，但是不可以把由字体联想到的具有代表性的图形直接放到字体设计中，应该加以变形或简化等，如下图所示。

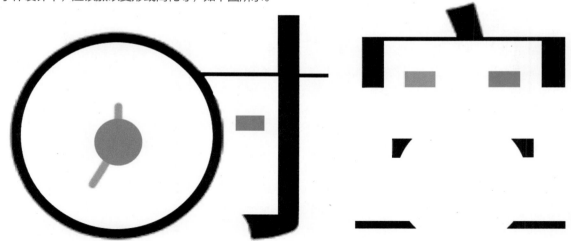

字体设计要遵循的原则是不仅要追求字体的变化，而且要便于识别。虽然字体设计的创意一般比较自由，但是字与字之间的统一性还是要保持的，避免给人杂乱的感觉。

字体变形有软、硬、旧三种效果，一般软的字体给人柔美、亲近、飘逸的感觉，适合表现情感类、女性类设计主题；硬的字体给人坚实、硬朗的感觉，由于它具有较强的视觉冲击力和张扬的个性，所以适合表现刺激、冒险等情景；而旧的字体给人严肃、古朴、怀旧的感觉，由于它可以给人信任感和说服力，所以适合表现品牌。

下面对硬、软、旧字体设计效果进行举例。

▌ 字体设计（硬）

2 字体设计（软）

花好月圆

3　字体设计（旧）

特点百货
鼎力设计
奋斗

　　字体变形常见的方法有代替、叠加、共用、错落连接、随意手写、曲线、拉伸、横细竖粗等。不同的方法所产生的效果也不相同，接下来对几种不同的变形效果进行举例，如下图所示。

6.5　网站 UI 布局设计技巧

　　网页一般由文字、图像、色彩以及版式构成，而布局设计也可以理解成版面设计，是指我们常常看到的可以铺满整个浏览器的一个完整的页面。它是网站 UI 设计的基础，时尚、新颖的布局设计可以提升用户体验，但是要注意网页的实用性，一般可以分为构思、粗略布局、完善布局以及深入优化四个设计步骤。

　　那么在具体的设计过程中，有哪些布局设计技巧可以供我们学习和参考呢？接下来对网站 UI 布局设计技巧进行介绍。

第一，要清楚页面尺寸和显示器分辨率之间的关系，例如，显示器的分辨率为 1024×668，页面的显示尺寸为 1006×600 像素；显示器的分辨率为 800×600，页面的显示尺寸为 680×428 像素；显示器的分辨率为 640×480，页面的显示尺寸为 620×311 像素。

但是最好不要出现水平滚动条，能够滚动的页面不要超过三页。

第二，页面的造型可以运用矩形、圆形、三角形等形状，并且可以进行组合。不同的形状代表的意义也不相同，例如，圆形代表团结、安全，三角形代表牢固等，但是整体造型要和谐统一。

第三，页眉也叫页头，它既是用来设计主题的部分，也是整个页面设计的关键，需要让访问者快速了解网站的主要内容，如下图所示。

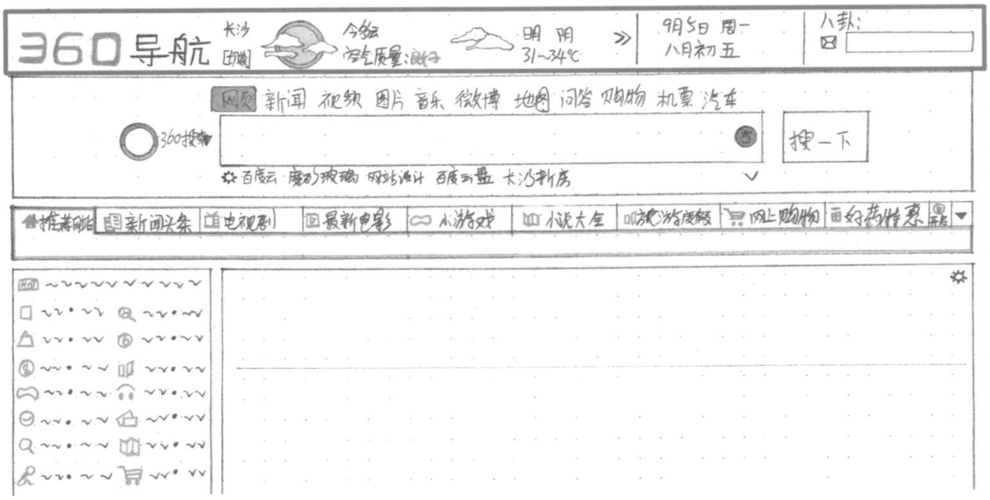

第四，文本放置的位置一般不够灵活，但是目前已经实现了自由化，可以按照自己的想法来设计，放置到需要的位置，如下图所示。

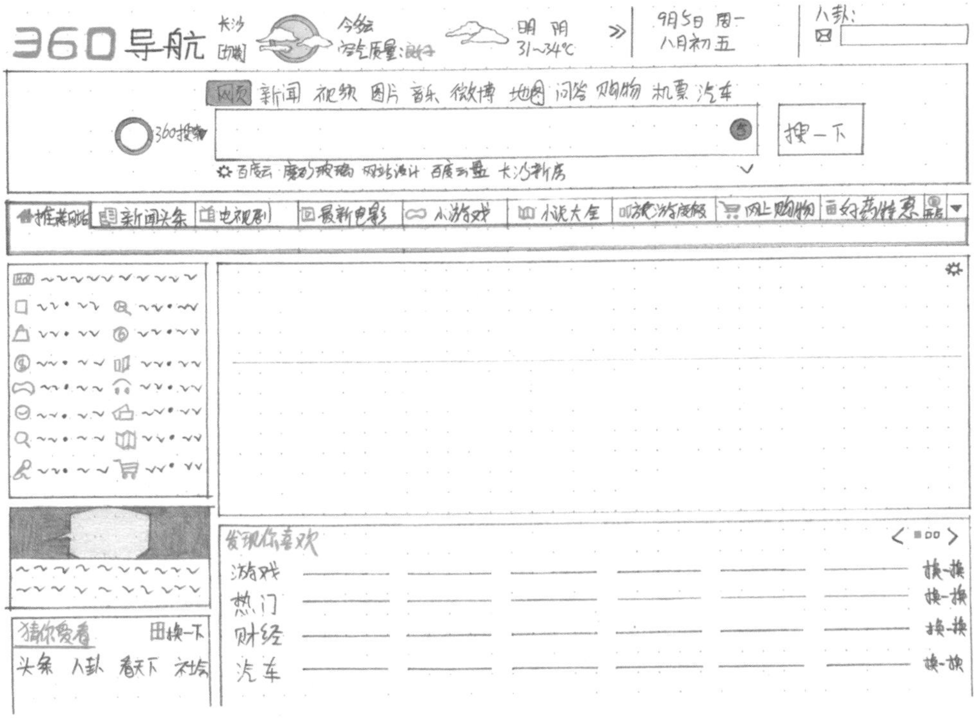

第五，页脚一般是用来放置公司信息的，它要和页眉相呼应，如下图所示。

第六，图片是网站 UI 设计的重要构成元素，是整体布局设计思维的体现，需要重点对待，如下图所示。

第七，在网站 UI 设计中，多媒体的添加也是必不可少的，例如，声音、动画、视频等，如下图所示。

除了上述主要的设计技巧之外，还应该避免内容杂乱、链接不显眼、整体不集中、色彩的应用过多等问题。

6.6　网站 UI 设计范例

学习了网站 UI 设计基础知识之后，接下来对常见的网站 UI 设计进行举例，例如，社交网站 UI 设计，美食网站 UI 设计，网站后台登录界面设计，团购手机网站 UI 设计等。

▌ 社交网站 UI 设计

范例 1

范例 2

2 美食网站 UI 设计

范例 1

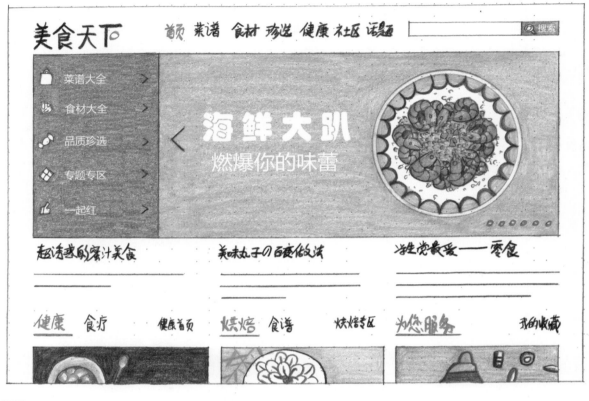

范例 2

西瓜型 港式吐司

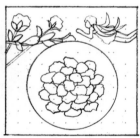

炸肉丸子

酸菜粉

蛋黄莲蓉月饼

韩式南瓜粥

罗汉果梨汤

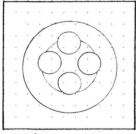

白巧克力芝士小蛋糕

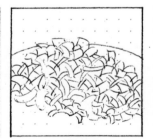

木耳炒肉丝

新秀菜谱 一周热门 最受欢迎的家常菜　　　　　　热菜 凉菜 主食 小吃 西餐 菜谱首页

西瓜型港式吐司　　　　焯肉丸子　　　　酸菜粉　　　　蛋黄莲蓉月饼

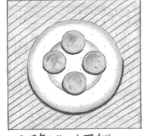

韩式南瓜粥　　　　罗汉果梨汤　　　白巧克力芝士小蛋糕　　　木耳炒肉丝

范例 3

时令食材　　　　　　　　　　肉禽蛋　水产品　蔬菜　粮面豆乳　食材首页

热门话题 精华日志　　　　　　　　　　全部话题 全部日志 社区首页

时令食材　　　　　　　　　　　　　　肉禽蛋　水产品　蔬菜　米面豆乳　食材首页

秋葵　　　藕带　　　豆角　　　茄子　　　黄瓜　　　西红柿　　黑木耳

生蚝　　　小龙虾　　鸡翅　　　排骨　　　丝瓜　　　土豆　　　绿豆

热门话题　精华日志　　　　　　　　　　全部话题　全部日志　社区首页

 楚楚66

 猱

范例 4

最新推荐　最新发布　饮食常识　瘦身美容　母婴饮食　食疗食补

22小时前
母乳喂养进行到一定时候，由于工作原因妈妈不能及时喂哺母乳，或者宝宝已经长大，母乳喂养影响到了辅食添加，这时候就需要给宝宝

一周热门排行

秋季饮食选莲藕 七大保健功效不贴膘
23小时前
过了立秋，又开始进入进补的季节。有些人习惯用动物食品来进补，其实有些素食的营养和滋补作用不亚于荤食，莲藕就是一种理想的素

 八月最养生的3种水果，错过可惜！
2016-8-26

 秋季进补 5种食物滋补又养生
23小时前

秋季进补 5种食物滋补又养生
23小时前
秋燥袭人，养生走起!秋季是非常适合进补的季节，那么吃什么好呢?下面为你推荐最佳的秋季养生进补食材，赶紧做出一桌美味好菜吧

 晚吃香蕉美容效果佳 5种水果最好晚上吃
2016-8-25

4款秋季养生食物 滋润养颜就靠它
24小时前
想要做个美丽的女人，养生是必不可少的，尤其是秋季这个干燥的季节，那么秋季养生食物又哪些呢?快跟小编一起看看。

 秋季润肺 10种佳肴养肺好润燥
2016-8-25

 秋季养生食物TOP10 对付干燥easy无压力
2016-8-26

阴虚火旺吃什么？ 10种食物滋阴养颜
24小时前
阴虚火旺吃什么?阴虚火旺主要表现为口干舌燥、心情烦闷、容易生气，同时舌苔也变成红色的，给身体健康带来了影响。那么，阴虚火

凉拌菜做法培训　　设计作品集

3 网站后台登录界面设计

范例 1

范例 2

范例 3

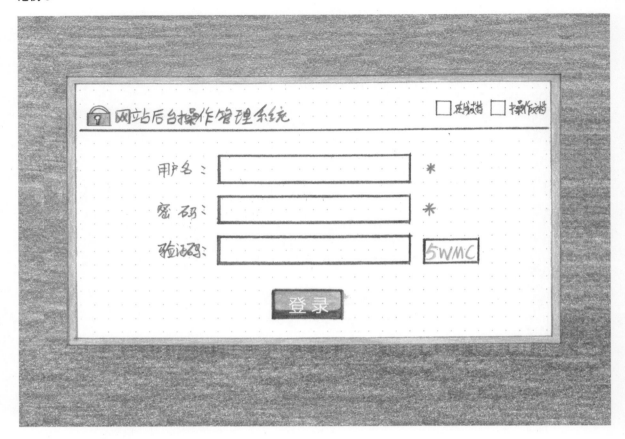

4 团购手机网站 UI 设计

范例 1

范例 2

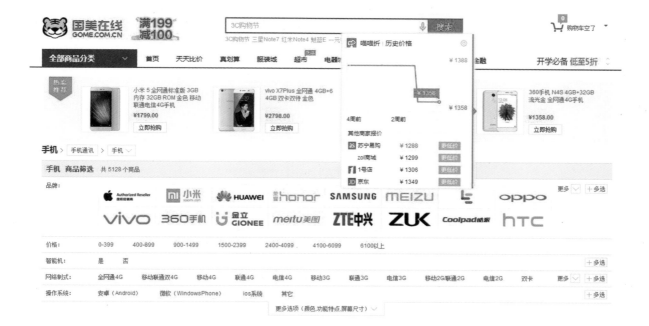

❶ 熟悉网站 UI 设计的流程。

❷ 学习并总结网站 UI 布局设计的技巧。

❸ 尝试设计几种不同的网页布局。

❹ 临摹本章 6.6 节美食网站 UI 设计范例 2 手绘表现。

第 7 章

游戏界面设计

　　本章主要介绍什么是游戏界面，游戏界面设计的原则，游戏界面的分类，不同游戏界面尺寸要求，粉色调游戏界面设计手绘表现，蓝色调游戏界面设计手绘表现，休闲类手机游戏界面设计手绘表现，动作冒险类手机游戏界面设计手绘表现以及益智类游戏手机界面设计手绘表现。

7.1　什么是游戏界面

　　游戏界面不仅是可以让用户实现交互功能的视觉元素，而且是可以进行规划、设计的一种活动。它是用户参与游戏并且体验游戏娱乐性的通道，可以对用户的印象产生影响，所以也是游戏中最重要的元素之一。

　　视觉语言的设计是游戏界面设计最应该注重的一部分，整体设计过程中要遵循人性化的设计理念，例如，让用户感到愉快和舒适等。

7.2　游戏界面设计的原则

　　游戏界面设计没有固定的可以遵循的原则，已经有的是设计师在长期的界面设计中的研究和在对用户的调研的基础上总结出的一些参考性的原则。接下来对这些原则进行分析。

　　❶ 要先找到具体的对象和内容，然后采用归纳等方法得出抽象的概念或者原理。

　　❷ 尽量用数字、图形以及色彩等对象来体现抽象原理的概念，这样比较简洁易懂，也更加清晰。但是要把握好分寸，不可以喧宾夺主。

　　❸ 带动用户积极参与并激发用户的兴趣，让他们主动去学习并且做出创新。

　　❹ 从不同的角度划分用户的类型，然后根据不同类型用户的特点来预测用户对不同界面的反应，进行多方面的思考分析。

　　❺ 采用提示的方式对用户的操作进行回复，并且帮助用户解决问题。

　　❻ 界面的色彩、质感、风格等要和谐统一，反差不能太大。

　　❼ 界面的布局应该平衡，摆放的位置要合理，整体画面要整齐美观。

7.3　游戏界面的分类

　　游戏界面的类型很多，例如，菜单界面、技能界面、状态界面、启动界面、加载界面、操作界面等。接下来对登录界面、主菜单界面、加载界面、选项界面以及其他界面进行分析。

7.3.1　登录界面

　　登录界面包括了"开始游戏""读取档案""游戏设置"及"结束游戏"等用户所需要的选项，并且所有的按钮都有不可用、正常和按下三种状态。

　　一般情况下不可用状态的按钮字体呈灰色，无法点击操作，不可以进入其他的状态；正常状态是默认的状态；按下状态的按钮操作时会凹陷下去，可以进入其他状态。

　　接下来对游戏登录界面设计进行举例，如右图及下图所示。

7.3.2 主菜单界面

主菜单界面集中了游戏中的主要功能，与文章的写作提纲类似。一般情况下，按键盘上 Esc 键主菜单界面就可以出现在屏幕中间，它包括的按钮有"新游戏""选项""退出"等。

接下来对游戏主菜单界面设计进行举例，如右图所示。

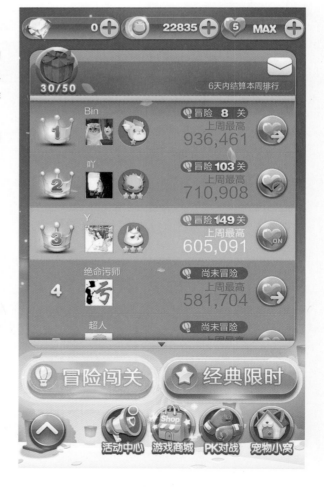

7.3.3　加载界面

也称 Loading 图，它是在用户选中某个进程之后显示出来的图片，并且这时候系统会在后台调入进程，完成调入后图片消失，用户读取的游戏进程出现。

接下来对游戏加载界面设计进行举例，如右图所示。

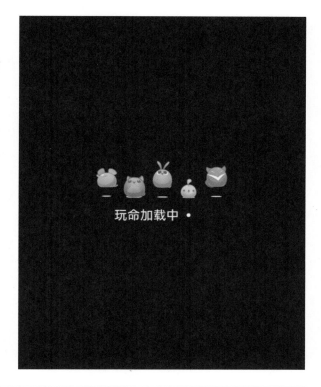

7.3.4　选项界面

选项界面一般有"操作""声音""显示""退出"四个按钮，可以通过此界面对游戏进行设置。

接下来对游戏选项界面设计进行举例，如右图所示。

7.3.5　其他界面

　　除了上述类型之外，游戏界面还有很多其他类型，接下来对签到奖励界面、技能界面、购买物品界面、成功通关界面、以及游戏任务界面设计进行举例，如下图所示。

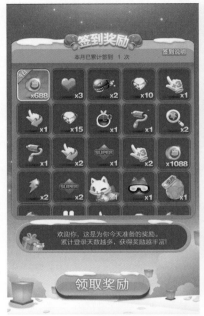

7.4 不同游戏界面尺寸要求

尺寸规范是 UI 设计初学者遇到最多的问题，他们常常纠结于画布应该建多大，文字用多大合适等。下面对手机游戏界面、平板电脑游戏界面以及网页游戏界面设计的标准尺寸进行分析。

7.4.1 手机游戏界面的标准尺寸

应该按照 640×960 像素的基础尺寸进行设计，否则使用大尺寸设计后不能够适配小尺寸，这是手机游戏界面设计时需要避免的问题。

而在上述基础尺寸的基础上，通过等比放大或者缩小在不同分辨率的手机上适配时，多出的部分一般用黑条等图案进行填充。除此之外，还可以采用其他方式进行分辨率的适配，如锚点自动适配等。

手机常见的标准尺寸如下图所示，单位为像素。

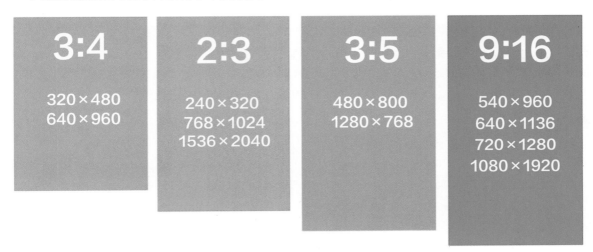

7.4.2 平板电脑游戏界面的标准尺寸

常见平板电脑的标准尺寸有 2047×1536 像素和 1024×767 像素两种，分辨率没有统一的纵横比标准，游戏界面需要按照百分比与设备进行相应的适配，自动适应屏幕的大小。

7.4.3 网页游戏界面的标准尺寸

网页游戏界面标准尺寸常见的有 779×432 像素、700×600 像素、1024×767 像素等，这些尺寸各具特点，设计时需要根据实际情况进行调适。

7.5 粉色调游戏界面设计手绘表现

绘制步骤

01. 借助直尺和圆规，用铅笔画出粉色调游戏界面的外轮廓，注意把握好比例关系。

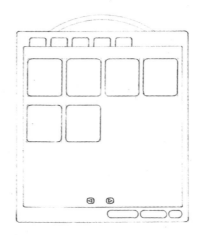

02. 在上一步的基础上，初步划分内部格局，并画出图标的大体形状。

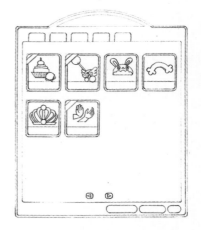

03. 画出中间主要部分图标的具体造型，注意结构要交代清楚。在顶端圆弧下面添加主题文字。

04. 用 419 号（　）彩铅采用平涂的手法画出界面中图标背景的颜色，表现画面中的亮面。

05. 用 425 号（　）彩铅画出界面的固有色，并刻画图标的边框。

06. 用 407 号（　）彩铅、447号（　）彩铅、449 号（　）彩铅等刻画图标里图形的颜色。

07. 用 435 号（　）彩铅画出界面最外层的暗部颜色，加强颜色明暗对比关系。

08. 添加文字信息等局部细节的刻画，调整并完善画面，完成绘制。

要注意界面外轮廓圆角的处
理，色彩层次关系要明确，整体色
调要和谐统一。右图是局部细节刻
画放大图。

7.6 蓝色调游戏界面设计手绘表现

01. 借助直尺，用直线画一个长方形概括出蓝色调游戏界面的外框。

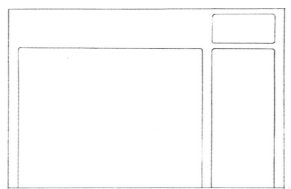

02. 在上一步的基础上，初步划分界面的内部格局。

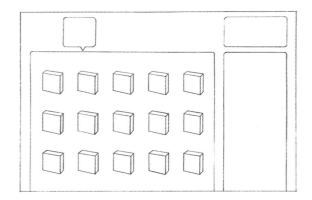

03. 根据尺寸比例关系，用直线画出图标的大体形状，这里概括为两点透视的长方体，注意分布位置，排列要整齐美观。

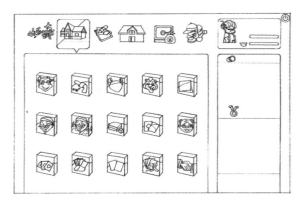

04. 继续完善画面，用铅笔刻画界面中所有图标的造型，注意这一步要画得尽量细致。

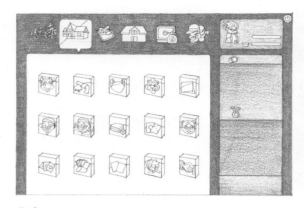 

05. 用 447 号（　　　）彩铅、445 号（　　　）彩铅
为界面最外层的背景铺色，注意颜色的明暗对比。

06. 用 443 号（　　　）彩铅画出中间部分图标背景的
颜色。

07. 开始刻画图标，用 416 号（　　　）彩铅、463 号
（　　　）彩铅、434 号（　　　）彩铅、437 号（　　　）
彩铅、477 号（　　　）彩铅为图标铺第一遍颜色。

08. 用 407 号（　　　）彩铅、454 号（　　　）彩铅、
466 号（　　　）彩铅、476 号（　　　）彩铅画出中间
部分图标的亮面以及顶部图标剩余部分的颜色。

09. 用 499 号（　　　）彩铅、404 号（　　　）彩
铅等画出图标中图形的颜色，注意颜色的搭配要合理，颜色
使用的种类不要过多，可以用之前用过的几种颜色进行搭配。
用 445 号（　　　）彩铅画出图标的投影，添加文字信息等
局部细节，调整并完善画面，完成绘制。

图标的投影要根据光源方向做到整体的统一。

高光部分采用留白的手法来表现，注意材质质感的表达以及反光效果的体现。

图标设计要与文字名称相联系，特点要突出。

7.7　休闲类手机游戏界面设计手绘表现

01. 根据比例关系，用直线画出休闲类手机游戏界面的外轮廓。

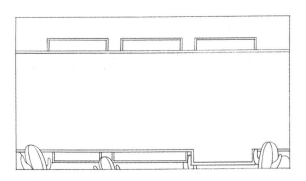

02. 在上一步的基础上，初步划分游戏界面的内部格局，并且用铅笔画出下边仙人掌造型的轮廓，注意物体间的遮挡关系要准确。

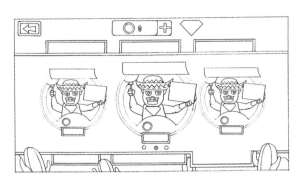

03. 继续完善画面，用圆规在中间空白处画三个圆形，并且在圆形的基础上刻画人物形象图标的轮廓。顶部的操作按钮等图标在圆角矩形的基础上进行绘制。

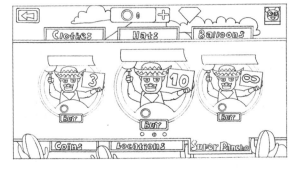

04. 添加字母信息并刻画剩余部分的造型，完善线稿。

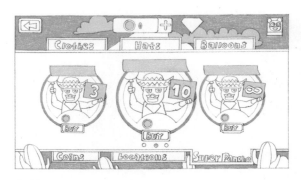

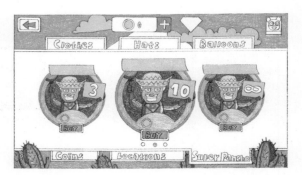

05. 用 414 号（　　　）彩铅画出上下两个区域背景的
颜色，用 407 号（　　　）彩铅画出云朵、数字牌等的亮面
颜色。

06. 用 452 号（　　　）彩铅、473 号（　　　）彩铅、
417 号（　　　）彩铅、451 号（　　　）彩铅刻画中间
部分人物形象图标的颜色，用 466 号（　　　）彩铅、459
号（　　　）彩铅画出近景中仙人掌的颜色，注意体积感的
塑造。

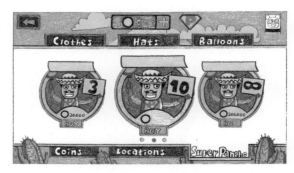

07. 用 476 号（　　　）彩铅、477 号（　　　）彩铅、
409 号（　　　）彩铅为矩形图标上色，并且刻画人物头部
以及手中牌子上的数字。

08. 用 414 号（　　　）彩铅、477 号（　　　）彩铅、
476 号（　　　）彩铅刻画人物形象图标木纹质感的背景色，
调整并完善画面，完成绘制。

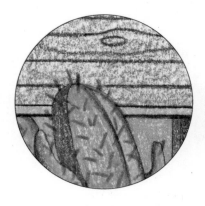

近景物体要注意局部细节的刻
画，仙人掌的毛刺特征也要表现到位。

休闲类手机游戏界面中的图标
设计要与整体设计风格相符，色彩
的搭配要和谐统一。

人物形象图标设计时要交代清
楚结构，颜色的使用不要过多，把
握好整体色调。

7.8　动作冒险类手机游戏界面设计手绘表现

绘制步骤

01. 用直线画一个长方形概括出动作冒险类手机游戏界面的大致外形。

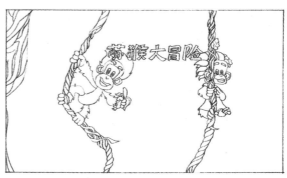

02. 在上一步的基础上，用轻松随意的曲线画出藤条的轮廓，添加游戏名称并画出萌猴的形体结构，注意把握好猴子的动态，线条的叠压关系要准确。

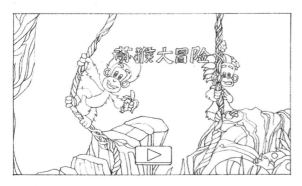

03. 继续刻画界面，用铅笔画出近处藤条后面石头的轮廓，并在中间画出操作按钮图标。

04. 用轻松随意的线条画出画面顶部树叶的轮廓，注意把握好外形特征和生长方向，前后遮挡关系要正确。

05. 用 466 号（　　　）彩铅、473 号（　　　）彩铅、477 号（　　　）彩铅刻画藤条的颜色，注意加强明暗对比关系，塑造体积感。

06. 用 409 号（　　　）彩铅、477 号（　　　）彩铅、430 号（　　　）彩铅、429 号（　　　）彩铅刻画萌猴和文字的颜色，注意不要铺得太满，适当留白表现透气感。用 476 号（　　　）彩铅画出右下角石头的暗部。

07. 用 473 号（⬛）彩铅、472 号（⬛）彩铅为石头上色，用 452 号（⬛）彩铅画出操作按钮图标的颜色，用 463 号（⬛）彩铅、416 号（⬛）彩铅为蘑菇等植物配景上色。

08. 用 466 号（⬛）彩铅画出远处最上层植物叶片的固有色，用 473 号（⬛）彩铅、459 号（⬛）彩铅适当加重暗部并刻画底层叶片。

09. 用 454 号（⬛）彩铅为背景铺色，用 461 号（⬛）彩铅画出远景中的山丘以及植物的颜色，注意这里要适当虚化，拉开近景、中景、远景的空间距离。调整并完善画面，完成绘制。

绘制萌猴的时候，注意手脚抓握的动态以及与藤条之间的遮挡关系。

背景色不要画得太深，要表现出远处光照的感觉，使画面的空间感更强。

藤条要根据生长方向用曲线绘制外轮廓，要有凹凸感，表达出拧在一起的效果。

7.9　益智类手机游戏界面设计手绘表现

01. 借助直尺，用直线画出益智类手机游戏界面的外框。

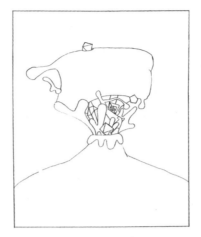

02. 在上一步的基础上，用轻松随意的线条画出游戏界面主体部分的轮廓，注意把握好外形特征，物体间的遮挡关系要准确。

03. 在底下的空白处画出图标等造型的轮廓，注意把握好层次关系。

04. 继续细化画面，用铅笔画出顶部剩余部分的造型，并添加字母，注意把握好透视关系。

05. 进一步细化画面，刻画最底下图标的特征，为背景部分添加云朵的形状，丰富画面，完善线稿。

06. 接下来开始上色，用 419 号（　　　）彩铅画出字母背景等粉红色部分的固有色，用 434 号（　　　）彩铅适当加重暗部，加强颜色明暗对比，凸显体积感。

07. 用 416 号（████）彩铅刻画红色部分的颜色，注意颜色要有层次变化，画面不要铺得太满，适当留白表现受光面。

08. 用 407 号（████）彩铅、414号（████）彩铅、470 号（████）彩铅、466 号（████）彩铅刻画黄色和绿色部分的颜色，注意颜色的冷暖搭配要合理。

09. 用 404 号（████）彩铅、483 号（████）彩铅刻画字母和底部图标背景的颜色，用 487 号（████）彩铅加重暗部并刻画图标的投影，使画面看起来更稳。

由于光照的强弱变化，所以投影的刻画也要有虚实、明暗对比。

10. 用 447 号（████）彩铅、451 号（████）彩铅刻画蓝色宝石等物体的颜色，用 454 号（████）彩铅为界面的背景铺色。

11. 用 492 号（████）彩铅、437号（████）彩铅、476 号（████）彩铅调整画面颜色并刻画局部细节，加强明暗对比关系。用 495 号（████）彩铅画出云朵的暗部，塑造体积感，完成绘制。

上色时要把握好颜色的层次感，高光部分采用留白的手法表现。

复习思考题

❶ 临摹粉色调游戏界面设计手绘表现。

❷ 临摹动作冒险类手机游戏界面设计手绘表现。

绘制较复杂的形体时，要先理清思绪，找准物体之间的关系，按照从上到下、从前到后的方法一层一层地刻画。

第 8 章

数码产品主题界面设计

前面讲解了网站 UI 以及游戏界面设计，接下来对数码产品主题界面设计进行讲解。本章主要介绍什么是数码产品，数码产品主题界面设计的原则，数码产品界面设计的趋势，电子书主题界面设计手绘表现，网络电视主题界面设计手绘表现以及数码产品主题界面设计范例。

8.1 什么是数码产品

数码产品是一种消费产品，它是指通过软件、硬件的组建，并且利用二进制语言或者特殊的数字语言对文件进行传输、存储、编制以及解码，然后为用户带来应用感受。

随着科技的发展，人们的消费水平和日常需求都有所提高，所以不断地有更多的数码产品出现并且融入我们的生活。常见的数码产品的种类很多，例如，手机、数码相机、MP3、电脑和扫描仪等。

8.2 数码产品主题界面设计的原则

对于数码产品而言，界面设计要遵循一些基本的设计原则，接下来对这些原则进行分析。

❶ 界面要简洁大方，体现出设计的人性化，例如，效率高，用户可以根据自己的习惯设置并保存等。

❷ 界面中的语言应该符合用户的习惯，知识不能超出一般的常识。

❸ 设计时要从用户的理解方法和使用习惯进行考虑。

❹ 设计要安全并且灵活，要让用户使用方便，可以自由地选择。

❺ 由于数码产品的屏幕空间有限，所以要减少空间的占用，例如，合理地减少界面中的文字信息或不必要的提示信息等。

8.3 数码产品界面设计的趋势

随着网络技术的日益成熟，数码技术和数码产品设计的市场需求都逐渐趋向成熟，市场潜力较大，慢慢成为一种流行趋势。那么数码产品设计到底有着怎样的发展趋势呢？产品界限比较模糊，未来的设计方向是时尚、小巧、轻便、新颖、简洁，这些都是毋庸置疑的。

而界面是数码产品的重中之重，它是软件与用户交互的最直接的部分。如果形式单调，那么容易导致视觉疲劳，给人平淡、乏味的感觉；如果形式强烈，那么会显得生硬等。这些都是不合理的，正确的方法是采用互补的手法，处理好形状、面积以及布局，从而设计出明快、和谐，具有丰富变化的效果。

8.4 电子书主题界面设计手绘表现

01. 借助直尺，用直线画一个竖向的长方形，概括出电子书主题界面的外框。

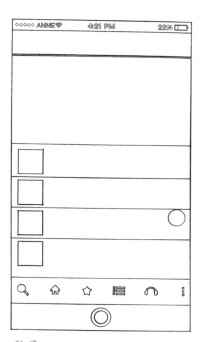

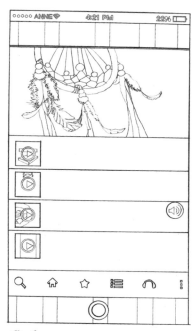

02. 在上一步的基础上，根据尺寸比例关系用直线初步划分电子书主题界面的内部格局。

03. 用铅笔在相应位置画出操作按钮以及电子书图标的外形。

04. 细化电子书图标的图形，用轻松随意的线条勾勒出界面背景的造型，完善线稿。

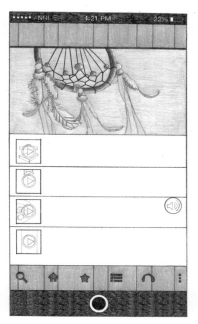

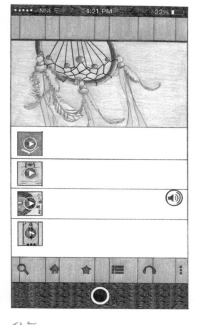

05. 用 483 号（￼）彩铅画出木质的操作按钮图标背景的颜色，用 499 号（￼）彩铅画出上下两端黑条的颜色，用 452 号（￼）彩铅为主题背景铺色。

06. 用 478 号（￼）彩铅刻画操作按钮的颜色，用 409 号（￼）彩铅、407 号（￼）彩铅、416 号（￼）彩铅、451 号（￼）彩铅为羽毛吊饰造型上色。

07. 用 466 号（￼）彩铅、451 号（￼）彩铅、499 号（￼）彩铅、452 号（￼）彩铅为电子书图标上色，注意把握好整体色调，局部细节的刻画要到位。

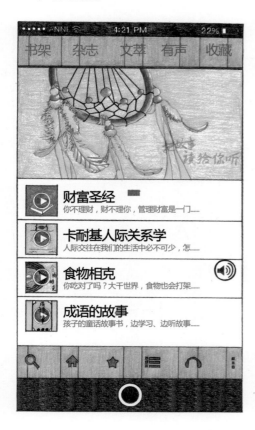

08. 用478号（）彩铅、461号（）彩铅、499号（）
彩铅调整画面颜色并添加文字信息等，完成绘制。

电子书图标的绘制要把握
好外形特征，上色时采用平涂
的手法画好固有色，并稍微交
代明暗关系即可。

绘制羽毛吊饰的时候，注
意把握好透视关系，用抖线表
现毛茸茸的质感。

8.5　网络电视主题界面设计手绘表现

01. 借助直尺，用直线画
一个横向的长方形，概括出
电视主题界面的外框。

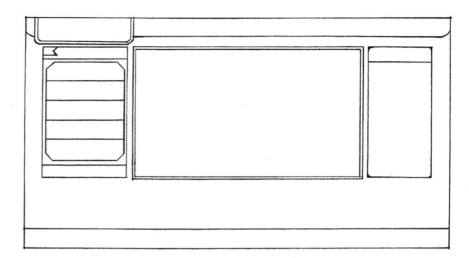

02. 根据尺寸比例，初步划分网络电视主题界面的内部格局。

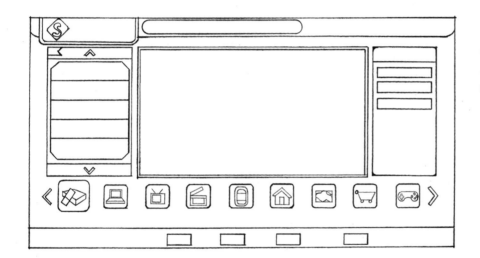

03. 在主屏幕方框下画出图标的轮廓，注意把握好外形特征，大小要均匀。

04. 用轻松随意的线条勾勒出中间主屏幕方框中的画面，例如，植物、动物等，完善线稿。

05. 用 404 号（）彩铅、409 号（）彩铅画出界面中的亮色，用 437号（）彩铅画出中间部分背景的固有色。

06. 用 478 号（）彩铅、483 号（）彩铅、480 号（）彩铅、452 号（）彩铅刻画动物形象的颜色，用 416 号（）马克笔画出左边选项框的边框颜色。

07. 用 466 号（）彩铅、459 号（）彩铅、472 号（）彩铅为植物上色，用 454 号（）彩铅画出远景中山石以及天空的颜色，注意画面不要铺得太满，适当留白表现透气感。

08. 用434号（）彩铅、499号（　）彩铅、454号（　）彩铅刻画图标的颜色，注意颜色使用的种类不要过多，要把握好整体色调的和谐统一。用476号（　）彩铅画出最下排操作按钮的颜色。

09. 添加文字信息等局部细节刻画，使画面看起来更加精细。调整并完善画面，完成绘制。

绘制背景和体积较小的操作按钮图标时,主要采用平涂的手法上色。

图标中的图形要有明显的特征，例如，此处的"缴宽带费"，就可以采用光纤猫的图形。

注意把握好前后遮挡关系，层次感要丰富。

8.6 数码产品主题界面设计范例

学习了电子书主题界面设计和网络电视主题界面设计手绘表现之后,接下来对日常生活中常见的电脑、手机等数码产品主题界面设计进行举例。

■ 电脑主题界面范例

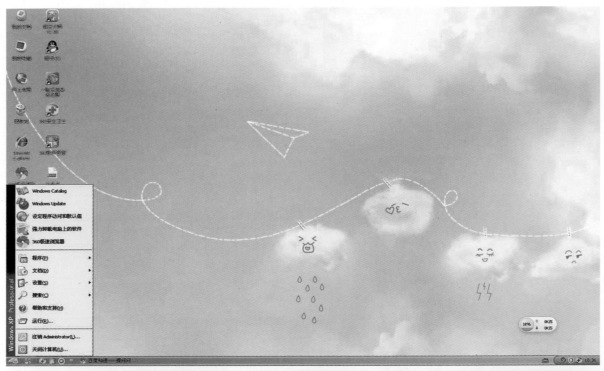

2 手机主题界面范例

复习思考题

❶ 临摹电子书主题界面设计手绘表现。

❷ 从本章 8.6 节中挑一个数码产品主题界面设计，并且尝试对其进行手绘表现。

第 9 章

作品赏析

前面章节中讲解了 UI 图标设计，手机 App 界面设计，游戏界面设计以及数码产品主题界面设计，本章主要是通过搜集一些优秀的 UI 设计手绘效果图，以供读者临摹学习，从而更好地绘制出优秀的效果图。

范例 1

范例 2

范例 3

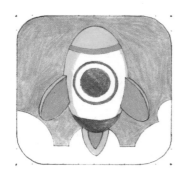  

范例 4

范例 5

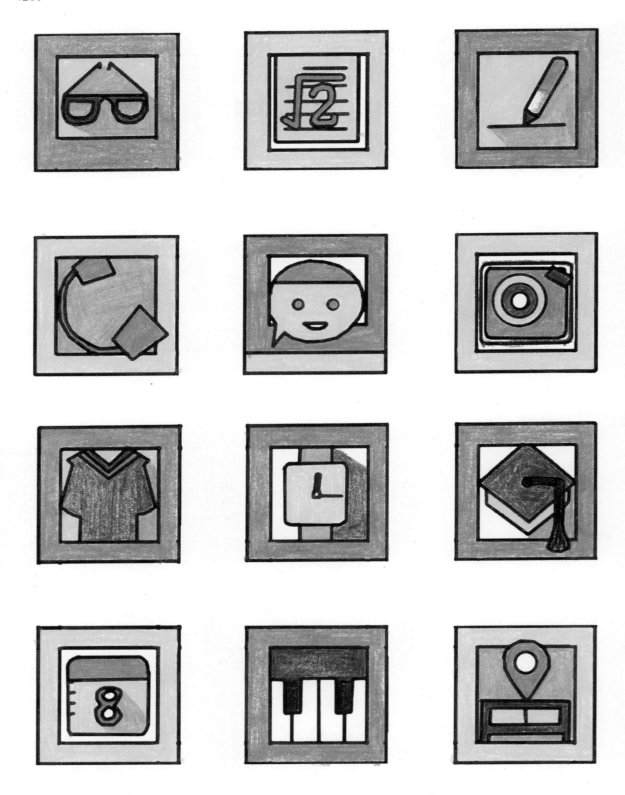

范例 6

范例 7

范例 8

范例 9

范例 10

范例 11

范例 12

范例 13

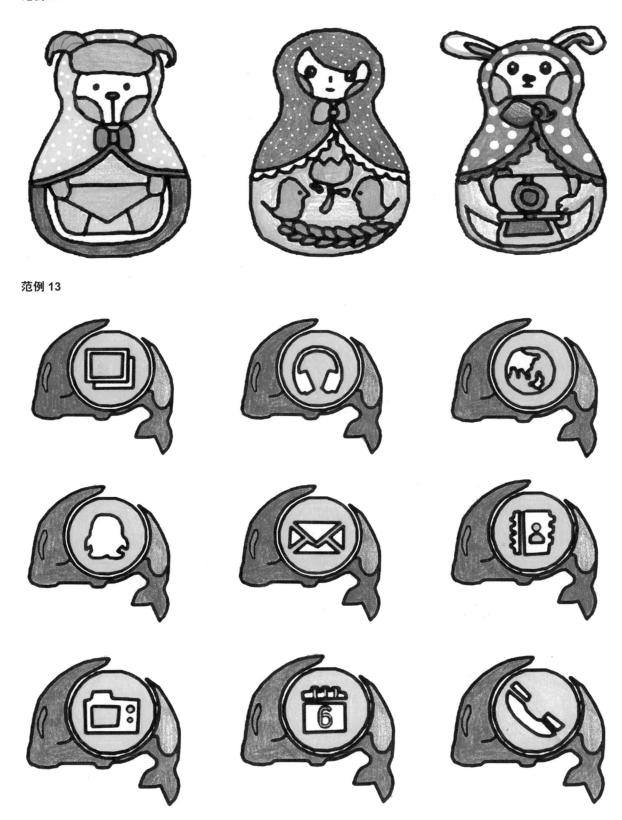

范例 14

范例 15

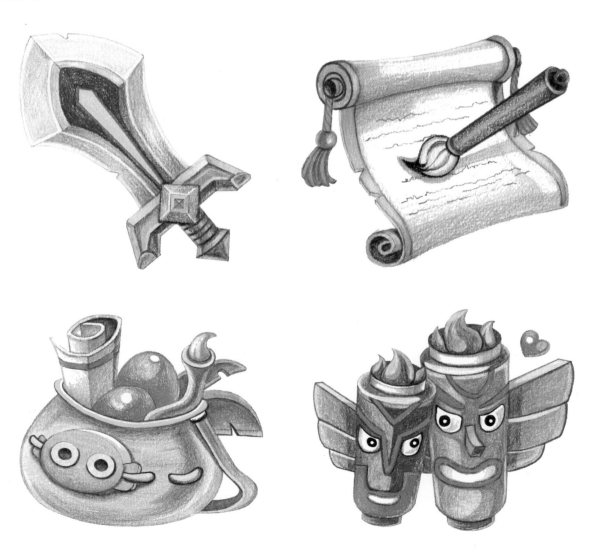

范例 16

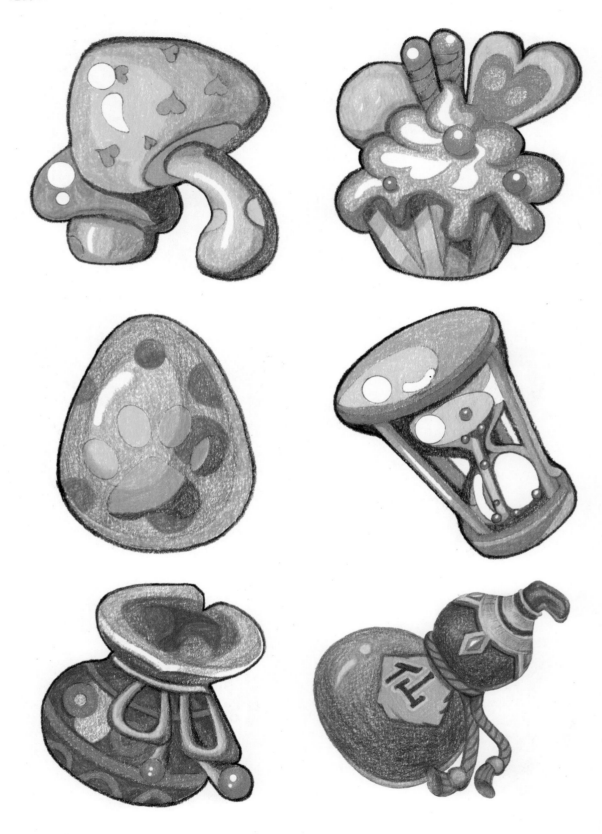

范例 17

范例 18

范例 19

范例 20

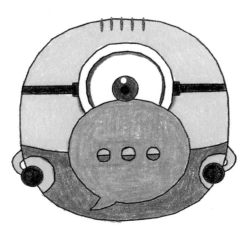

范例 21

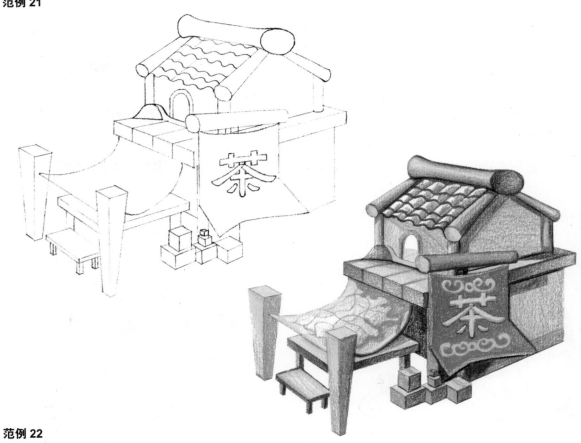

范例 22

设计手绘教育中心系列图书

978-7-115-40702-3

《婚礼设计手绘实例教程》

• 本书是一本婚礼现场设计手绘实例教程，注重手绘知识的系统性和实用性，全面系统地讲解了婚礼现场手绘的表现技法。

• 随书赠送 45 课时共 516 分钟的多媒体语音教学视频。

978-7-115-41384-0

《软装设计手绘实例教程》

• 本书是关于软装设计手绘技法训练的手绘教程，全书紧紧围绕基础与应用两方面展开讲解，详细讲解了怎样用马克笔进行软装设计手绘效果图训练。

• 随书赠送 25 课时共 580 分钟的多媒体语音教学视频。

978-7-115-41412-0

《室内陈设设计手绘实例教程》

• 本书是关于室内陈设设计手绘技法训练的手绘教程，主要讲解怎样用马克笔进行陈设设计手绘效果图训练，系统全面地讲解了各种陈设单体的透视绘图技法。

• 随书赠送 27 课时共 530 分钟的多媒体语音教学视频。

978-7-115-42103-6

《展示设计手绘实例教程》

• 本书以展示设计表现为核心，结合展示设计空间构成元素、展示空间局部、展示空间整体效果图手绘步骤解析，全面诠释了展示设计手绘的表现技巧。

• 随书赠送 41 课时共 530 分钟的多媒体语音教学视频。

978-7-115-42131-9

《建筑钢笔手绘快速表现实例教程》

• 本书是一本建筑钢笔画技法训练的手绘教程，主要讲解怎样用钢笔进行写生画训练，帮助读者了解建筑钢笔画的表现技法和表现步骤，指导读者全面掌握钢笔画的表现手法。

• 随书赠送 29 课时共 530 分钟的多媒体语音教学视频。

978-7-115-43057-1

《家具设计与手绘表现从入门到精通》

• 本书以家具设计为核心，内容包括家具设计的基础知识、民用家具、公共家具以及家具设计的开发等，并结合各种材质的家具设计，系统全面地讲解了家具设计手绘各个方面的知识。

• 随书赠送 22 课时共 480 分钟的多媒体语音教学视频。

印象手绘系列图书

978-7-115-41833-3

《印象手绘 室内设计手绘教程（第2版）》

978-7-115-34534-9

《印象手绘 室内设计手绘透视技法》

978-7-115-38170-5

《印象手绘 室内设计手绘实例精讲》

978-7-115-40726-9

《印象手绘 室内设计手绘线稿表现》

978-7-115-41804-3

《印象手绘 景观设计手绘教程（第2版）》

978-7-115-36572-9

《印象手绘 景观设计手绘透视技法》

978-7-115-36787-7

《印象手绘 景观设计手绘实例精讲》

978-7-115-41472-4

《印象手绘 景观设计手绘线稿表现》

978-7-115-41626-1

《印象手绘 建筑设计手绘教程（第2版）》

978-7-115-36994-9

《印象手绘 建筑设计手绘透视技法》

978-7-115-37400-4

《印象手绘 建筑设计手绘实例精讲》

978-7-115-39933-5

《印象手绘 建筑设计手绘线稿表现》

UI 设计网站推荐

UI中国	站酷网
优设	花瓣
求字体网	Uimaker
Behance	500px

分辨率和尺寸

iPhone 图标尺寸

设备	iPhone 6Plus/7Plus （@3x）	iPhone6/6S/7 （@2x）	iPhone5/5C/5S （@2x）
App Store	1024px × 1024px	1024px × 1024px	1024px × 1024px
应用程序	180px × 180px	120px × 120px	120px × 120px
主屏幕	114px × 114px	114px × 114px	114px × 114px
Spotlight搜索	87px × 87px	58px × 58px	58px × 58px
标签栏	75px × 75px	58px × 58px	58px × 58px
工具栏和导航栏	66px × 66px	44px × 44px	44px × 44px

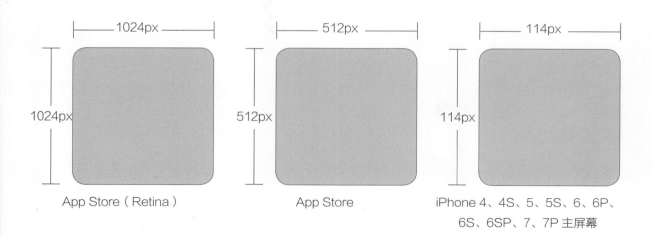

App Store（Retina）   App Store   iPhone 4、4S、5、5S、6、6P、
                                                6S、6SP、7、7P 主屏幕

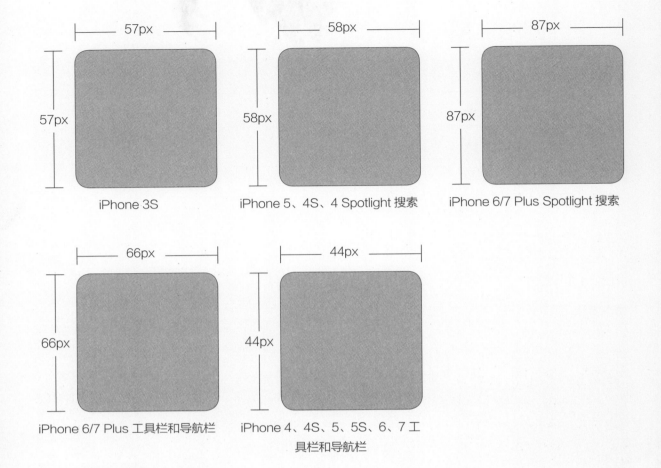

57px · 57px — iPhone 3S

58px · 58px — iPhone 5、4S、4 Spotlight 搜索

87px · 87px — iPhone 6/7 Plus Spotlight 搜索

66px · 66px — iPhone 6/7 Plus 工具栏和导航栏

44px · 44px — iPhone 4、4S、5、5S、6、7 工具栏和导航栏

iPad 图标尺寸

设备	iPad 3/4/5/6 Air/ Air2/mini2	iPad 1/2	iPad mini
App Store	1024px × 1024px	1024px × 1024px	1024px × 1024px
应用程序	180px × 180px	90px × 90px	90px × 90px
主屏幕	114px × 114px	72px × 72px	72px × 72px
Spotlight搜索	100px × 100px	50px × 50px	50px × 50px
标签栏	50px × 50px	25px × 25px	25px × 25px
工具栏和导航栏	44px × 44px	22px × 22px	22px × 22px

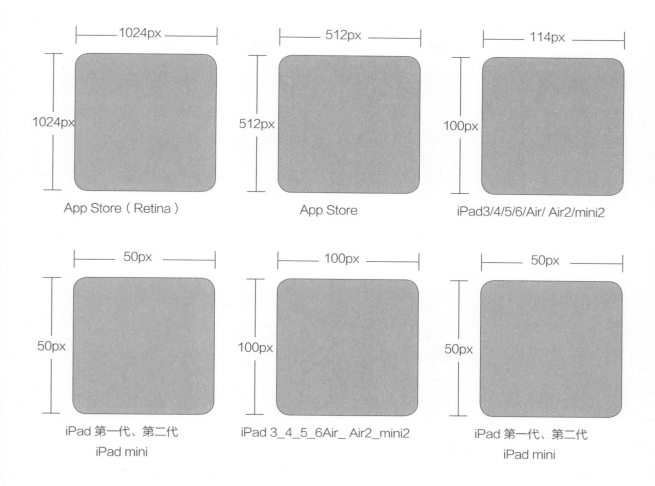

App Store（Retina） — 1024px × 1024px

App Store — 512px × 512px

iPad3/4/5/6/Air/ Air2/mini2 — 114px × 100px

iPad 第一代、第二代 iPad mini — 50px × 50px

iPad 3_4_5_6Air_ Air2_mini2 — 100px × 100px

iPad 第一代、第二代 iPad mini — 50px × 50px

Android 图标尺寸

屏幕大小	320px × 320px	480px × 800px 480px × 854px 540px × 960px	720px × 1280px	1080px × 1920px
启动图标	48px × 48px	72px × 72px	48px × 48px	144px × 144px
操作栏图标	32px × 32px	48px × 48px	32px × 32px	96px × 96px
上下文图标	16px × 16px	24px × 24px	16px × 16px	48px × 48px
系统通知图标	24px × 24px	36px × 36px	24px × 24px	72px × 72px
最细笔画	不小于2px	不小于3px	不小于2px	不小于6px

Android 手机分辨率和尺寸

设备	分辨率	尺寸	设备	分辨率	尺寸
三星Galaxy S3	4.8英寸	720px × 1280px	三星Galaxy S4	5英寸	1080px × 1920px
三星Galaxy S5	5.1英寸	1080px × 1920px	三星Galaxy S6	4.5英寸	1200px × 1920px
	4英寸	480px × 854px	小米1s	4英寸	480px × 854px
小米2	4.3英寸	720px × 1280px	小米2s	4.3英寸	720px × 1280px
	5英寸	1080px × 1920px	小米3s	5英寸	1080px × 1920px
小米4	5英寸	1080px × 1920px	红米	4.7英寸	720px × 1280px
	5.5英寸	720px × 1280px			
OPPO Find 7	5.5英寸	1440px × 2560px	OPPO Find 7轻装版	5.5英寸	1080px × 1920px
	5英寸	720px × 1280px	OPPO R3	5英寸	720px × 1280px
OPPO RIS	5英寸	720px × 1280			
	4.95英寸	1080px × 1920px			
华为 Ascend P7	5英寸	1080px × 1920px	华为 Ascend Mate7	6英寸	1080px × 1920px
	5英寸	1080px × 1920px	华为 Ascend Mate2	6.1英寸	720px × 1280px
华为 C199	5.5英寸	720px × 1280px			
	5英寸	1080px × 1920px	HTC Desire820	5.5英寸	720px × 1280px
魅族MEIZU MX4	5.36英寸	1152px × 1920px	魅族MEIZU MX3	5.1英寸	1080px × 1800px

iPhone/iPad 界面尺寸

设备	分辨率	状态栏	导航栏	标签栏
iPhone7 Plus设计版	1242px × 2208px	60px	132px	146px
iPhone7 Plus物理版	1080px × 1920px	54px	132px	146px
iPhone7	750px × 1334px	40px	88px	98px
iPhone6/6S Plus设计版	1242px × 2208px	60px	132px	146px
iPhone6/6S Plus物理版	1080px × 1920px	54px	132px	146px
iPhone6/6S	750px × 1334px	40px	88px	98px

iPhone5/5S/5C	640px × 1136px	40px	88px	98px
iPhone4/4S	640px × 960px	40px	88px	98px
iPhone1/2/3	320px × 480px	20px	44px	49px
iPod Touch1/2/3	320px × 480px	20px	44px	49px
iPad 3/4/5/6	2480px × 1536px	40px	88px	98px
iPad Air/ Air2 /mini2	2480px × 1536px	40px	88px	98px
iPad 1/2	1024px × 768px	20px	44px	49px
iPad mini	1024px × 768px	20px	44px	49px

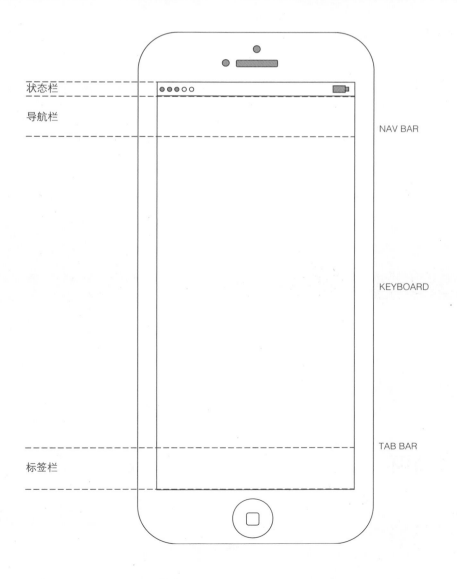

UI 设计中的配色

全局灰度色

B:20	B:40	B:60	B:80	B:90	B:94	B:98	B:100

背景用色

列表表单背景、对话框	H:0 S:0 B:100 # ffffff
顶部导航栏、底部标签栏	H:0 S:0 B:98 # fafafa
首页背景、内页背景	H:0 S:0 B:94 # f0f0f0

分割线用色

浅白色背景的分割线	H:0 S:0 B:90 # ffffff
白色背景的分割线	H:0 S:0 B:94 # ffffff

文字用色

主色、辅助色按钮的文字	H:0 S:0 B:100 # ffffff
失效、辅助性的文字	H:0 S:0 B:80 # cccccc
提示性文字	H:0 S:0 B:60 # 999999
辅助、默认状态文字	H:0 S:0 B:40 # 666666
标题、正文等主要文字	H:0 S:0 B:20 # 333333

色相环

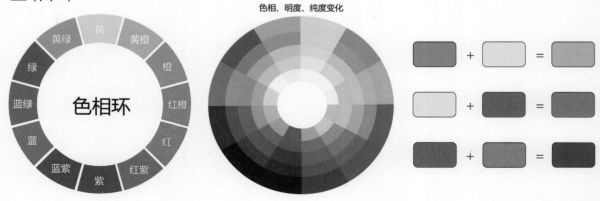

色相、明度、纯度变化

NAV BAR

KEYBOARD

TAB BAR

NAV BAR

KEYBOARD

TAB BAR

NAV BAR

KEYBOARD

TAB BAR

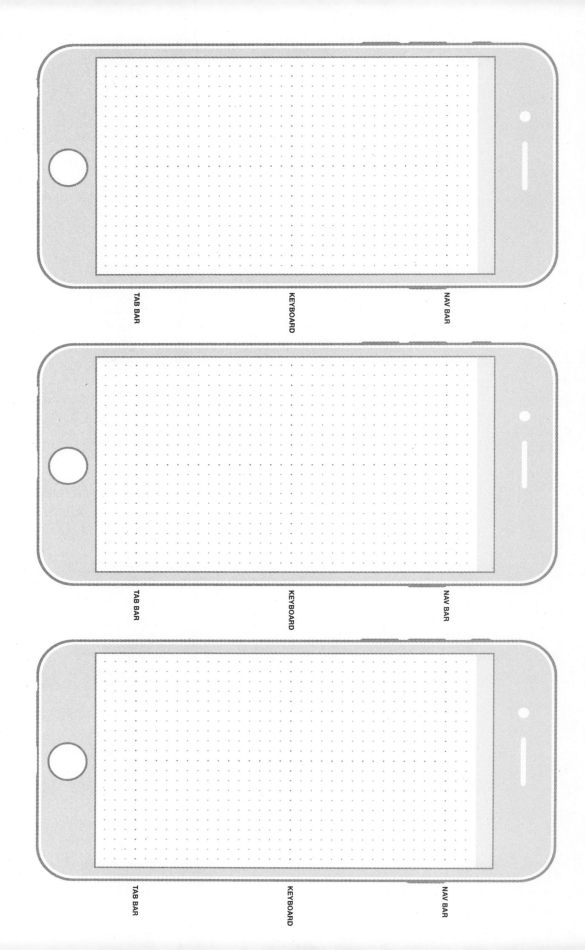

TAB BAR

KEYBOARD

NAV BAR

TAB BAR

KEYBOARD

NAV BAR

TAB BAR

KEYBOARD

NAV BAR

NAV BAR

KEYBOARD

TAB BAR

NAV BAR

KEYBOARD

TAB BAR

NAV BAR

KEYBOARD

TAB BAR

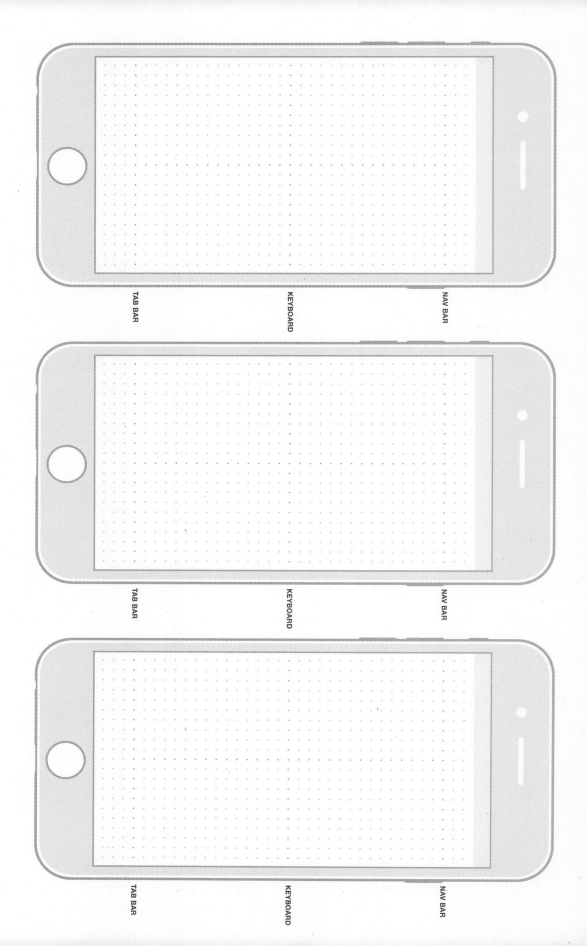

TAB BAR

KEYBOARD

NAV BAR

TAB BAR

KEYBOARD

NAV BAR

TAB BAR

KEYBOARD

NAV BAR

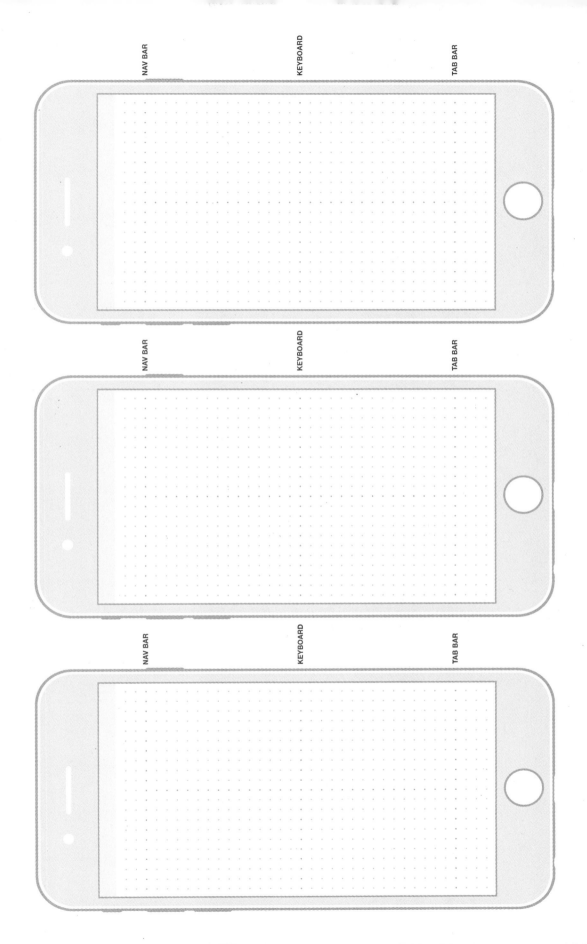

NAV BAR

KEYBOARD

TAB BAR

NAV BAR

KEYBOARD

TAB BAR

NAV BAR

KEYBOARD

TAB BAR

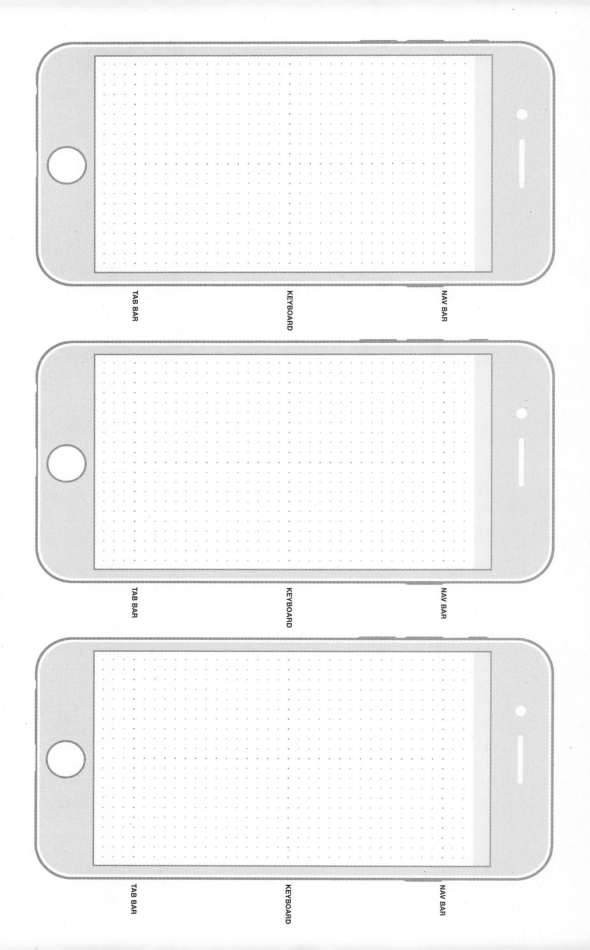

TAB BAR

KEYBOARD

NAV BAR

TAB BAR

KEYBOARD

NAV BAR

TAB BAR

KEYBOARD

NAV BAR

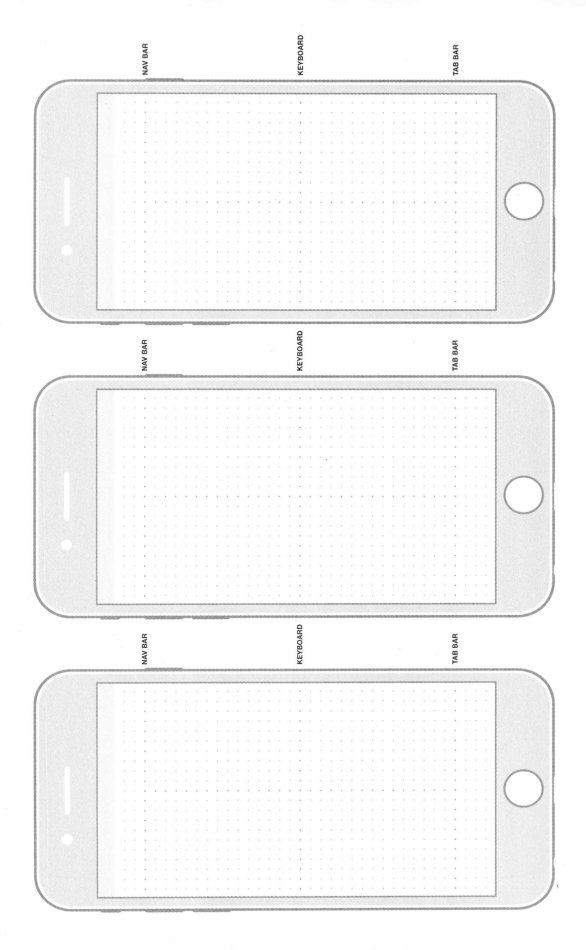

NAV BAR

KEYBOARD

TAB BAR

NAV BAR

KEYBOARD

TAB BAR

NAV BAR

KEYBOARD

TAB BAR

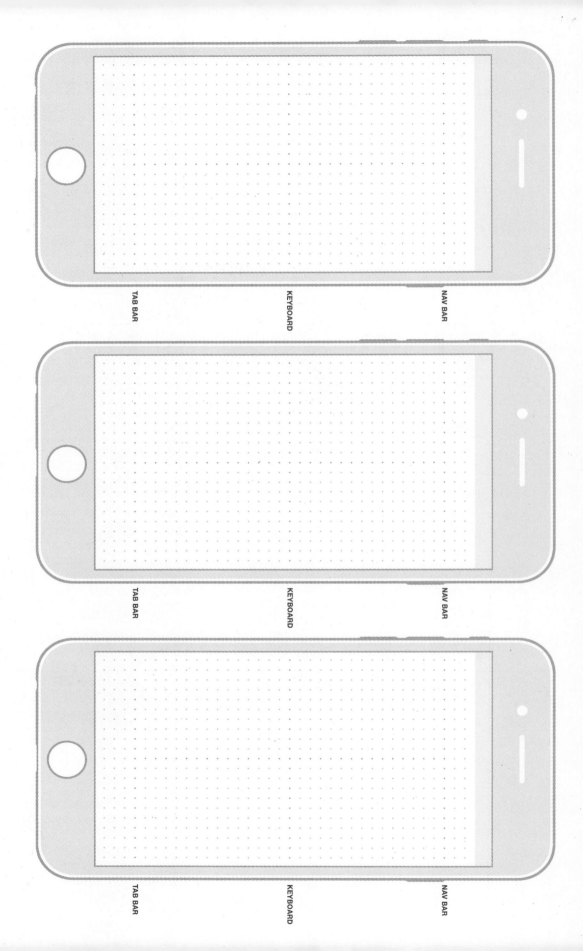